思考力が身につく化学実験問題31

樫田豪利 著

駿台文庫

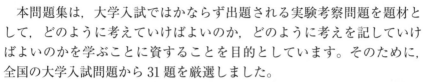

はじめに

　本問題集は，大学入試ではかならず出題される実験考察問題を題材として，どのように考えていけばよいのか，どのように考えを記していけばよいのかを学ぶことに資することを目的としています。そのために，全国の大学入試問題から 31 題を厳選しました。

　いま，みなさんが学んでいる"化学の知識"は，たくさんの実験の結果から導き出されたものです。教科書などに出ている実験を通して，法則や定理を実証，確認することで，法則や定理への理解が深まっていきます。実際の実験では，なかなか綺麗に結果が得られないこともあります。その要因を考えることも，身の回りのさまざまな事象を理解することに繋がっています。これが実験することの大きな意義です。実験では，何が起きたのかを洞察することが求められます。それゆえに，みなさんの洞察力を測るために，実験に関する問題がかならず出題されるのです。

　いま，知識を活用する力，考えを適切に表現する力，そして，新しいことを学ぶ力を身につけることが，みなさんには求められています。しかし，どうすればこの力が身につくのか，その方法に悩むところと思います。そこで，具体的な雛形を提示することも本書の目的としました。

　本書を通して，みなさんの化学についての理解が深まるとともに，自分の考えた道筋を簡素に記述する力を身につけ，自信を持って大学入試に臨める実力が養われることを願っています。

　何事もそうですが，学習においては，その内容を理解できるまでに，みなさんはいろいろな人の手助けを得ています。説明をしてくれた人，一緒に考えてくれた人の手助けだけではなく，参考書，問題集，模試の解説などの形で学びを支えてくれた人の手助けです。そして，本書も私一人の努力でできたものではありません。駿台文庫の松永正則様，中越邁様，西田尚史様の多大なご助力の成果でもあります。

　本書が，考察力そして表現力，伝達力を伸ばしたいというみなさんの目的に資することを願っています。

2021 年 1 月

樫田豪利

本書の構成と活用法

① 本書の構成

　本書は，問題編と解答・解説編に分かれています。問題編には過去の大学入試に出題された実験・考察の問題 31 題を，化学基礎および化学の教科書での順番に収録しています。解答・解説には，解法の手順や関連する発展的な内容を記載しています。解答・解説編のデザインは黒板やホワイトボードをイメージしました。

② 本書の活用法

　大学入試に出題された実験・考察の問題に答えるためには，しっかりとした知識とその知識を組み合わせて活用する力が求められます。したがって，一通りの基礎的な学習が終わった後での学習に本書を使用するのがよいと思います。化学基礎の学習が一通り終わった後や化学の各単元の学習が終わるたびに関連する問題を解いて理解を深めるという使い方です。また，全部の単元を一通り学び終わった後に，初めから終わりまで通して使うのもよいと思います。1 日 1 題なら，ひと月で終われるように，過去の入試問題から 31 題を選びました。

　解答・解説編では，"鉛筆" マークのところに解法の手順を授業ノートのように記載しました。"吹き出し" は授業での補足に当たります。注意して欲しいこと，思い出して欲しいことを記しました。友人に説明するつもりで，"鉛筆" マークのところを板書とみなして，声を出して解説してみてください。理解がより深まり，解法を記述する雛形の要点を納得できると思います。その雛形は考える手順でもあるのです。そして，その雛形を活用していくことで，次第にあなたに適した思考のツール，表現のツールとなっていきます。自分なりのこのツールをいくつも持っていることを思考力，表現力があると言います。ここに記されているのは一つの雛形です。もっとよい記し方がないかと考えることも大切です。

　"ノート" のマークには，設問に関係する取り組んでもらいたい発展的な内容を記しました。問題を解いたときでなくても構いませんので，学びを深めるきっかけとして利用してください。

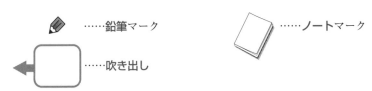

注 意 事 項

本書の問題を解くうえで必要があれば，次の原子量と数値を用いなさい。なお，気体は，実在気体とことわりがないかぎり，すべて理想気体とします。

■ 原子量 ■

H 1.00	C 12.0	N 14.0	O 16.0	Na 23.0
S 32.0	Cl 35.5	Ca 40.1	Ag 108	

■ 数 値 ■

水のイオン積　$1.0 \times 10^{-14} (mol/L)^2$
標準状態$(0\,℃,\ 1.013 \times 10^5\,Pa,\ 273\,K)$における気体のモル体積　22.4 L/mol
気体定数　$8.31 \times 10^3\,Pa \cdot L/(K \cdot mol)$
絶対零度$(0\,K)$　$-273\,℃$
ファラデー定数　$9.65 \times 10^4\,C/mol$

目　次

1 気体の成分分析

2016 名古屋大学

　空気には窒素，酸素，二酸化炭素，水蒸気，アルゴンが含まれている。空気中の上記5種類の気体成分それぞれの含有量を求めるため，以下の**操作**(1)，(2)からなる実験を行った。**問1**～**問5**に答えよ。なお，上記5種類以外の気体成分は無視できる。また，操作の間，容器内は全て1気圧に保たれており，気体の漏れや外部からの流入および気体成分同士の反応はなく，気体の移送に用いたチューブやガラス管の体積は無視できるものとする。

操作(1)　室温で一定量の空気を注射器Aに捕集した後，図1のような装置を組み立てた。ピストンをゆっくりと押して中の空気を 　ア 　の入ったガラス管①，　イ 　の入ったガラス管②，および約400℃に熱した銅粉の入ったガラス管③の順に通過させ，注射器Bに移した。操作前後のガラス管①，②，③の重量の増加をそれぞれ測定したところ，28 mg，3.8 mg，および1.4 gであった。

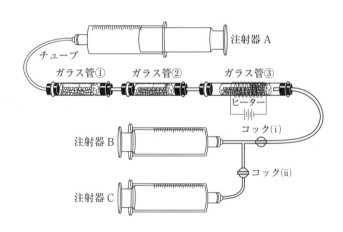

図1

6

操作⑵　操作⑴の後，コック(ⅰ)を
閉じてから図2のように注射器B
を冷却剤に浸して徐々に冷却した
ところ，Bの内部に少量の液体が
生じ，その後その液体は固体と
なった。その時点でコック(ⅱ)を開
き，注射器Bに残った気体をC
に押し出し，コック(ⅱ)を閉じた。
その後注射器B，Cを室温に戻し，
捕集された気体の体積を測定し
た。注射器Cに捕集された気体

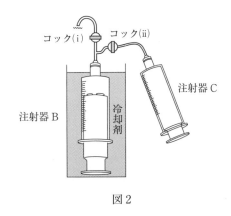

コック(ⅰ)　コック(ⅱ)

注射器C

注射器B　冷却剤

図2

の体積は，**操作⑴**の最初で注射器Aに捕集した空気の体積の約76％であった。

問1　文中の空欄　ア　と　イ　にあてはまる最も適切な物質を以下の(a)～
(e)からそれぞれ選び記号で答えよ。なお，これらの物質は全て粒状の固体である。

(a)　活性炭　　　　　　　　　　(b)　塩化カルシウム
(c)　ガラス　　　　　　　　　　(d)　ポリエチレン
(e)　ソーダ石灰（水酸化カルシウムを主成分とする塩基性混合物）

問2　ガラス管①，②に充填する物質の順番を　**問1**　の解答の逆にしてはい
けない理由を句読点を含めて60字以内で説明せよ。

問3　ガラス管③で吸収された気体は何か答えよ。

問4　**操作⑵**を終了した時点で注射器B，Cに捕集されている気体の主成分を
それぞれ答えよ。

問5　窒素，二酸化炭素，水，アルゴンの電子式を以下の例にならってそれぞ
れ示せ。電子は黒点で明確に記すこと。

（例）　　$: \overset{..}{C}l : \overset{..}{C}l :$

2 分子の存在

宮崎大学

次の文を読み，下記の設問に答えよ。

1803 年にドルトンは，気体の性質やラボアジエが発見した [(a)]，プルーストが発見した [(b)] を説明するために原子説を発表した。ゲーリュサックは，1808 年に発見した [(c)] を原子説で説明しようと試み，「すべての気体は，同温・同圧・同体積中に同数個の原子を含む」という仮説をたてたが，説明しようとすると矛盾が生じる。この矛盾を解決するため 1811 年にアボガドロは，

(1) 単体の気体は，複数の原子が結合した分子からなる。

(2) すべての気体は，種類にかかわりなく，同温・同圧・同体積中に同数個の分子を含む。

という仮説を提唱した。

1860 年にカニッツァーロは，アボガドロの仮説を真であると考えることにより，各元素の原子についてその質量の比が求まり，その結果(1)の分子説が自然に導かれることを示した。すなわち，水素を例にとると，まず同温・同圧のもとで水素ガスの密度と気体状の水素化合物 X（水素とある元素の化合物）の密度を測定する。(2)の仮説より，水素化合物の密度を水素ガスの密度で割った値は，水素ガスの分子 1 個の質量を 1 としたときに，水素化合物 X の分子 1 個の質量がその何倍であるかを示す値 y となる。

一方，この水素化合物 X を分析し，その質量にしめる水素の質量百分率を求めることにより，値 y にしめる水素の量（この分子 X 1 個に含まれる水素原子の質量が水素ガスの分子 1 個の質量と比べたときに，その何倍であるかを示す値）が計算できる。例えば，いろいろな質量の水素と酸素を化合させて生じた水の質量との関係から，水の質量にしめる水素の質量の割合が求められる。したがって，この関係を用いると，水素化合物 X の z 〔g〕を燃焼させたときに生じた水の質量から z 〔g〕に含まれる水素の質量が求められる。ほかの多くの水素化合物について，同じようにしてその物質の質量に占める水素の質量百分率を求め，比較することによって水素ガスの分子 1 個の質量が水素の原子 1 個の質量の何倍であるかが求められ，水素分子が何個の水素原子でできているかが決定できる。

8

問1 文中の空欄 (a) ～ (c) に，最も適当な化学史上の重要な法則を答えよ。

問2 文中の下線部に述べられている実験において，水素，酸素，水のうち少なくとも2つの物質の質量が測定されれば十分である。3つの物質の質量を測定しなくてもよい理由を述べよ。

問3 下の表に0℃，1 atm（1013 hPa）のもとでの気体状水素化合物の密度を水素ガスの密度で割った値 D とその化合物中での水素の質量の百分率を示した。このデータのみに基づき，カニッツァーロの方法で，水素ガスの分子は水素原子2つが結合してできたものであることを導け。

	塩化水素	硫化水素	アンモニア
D	18.23	17.12	8.560
質量百分率	2.74	5.87	17.60

問4 **問3** の結果を基に考えたとき，塩化水素は，同温，同圧の塩素ガスと水素ガスから生成する。そのときの体積比は，塩素ガス，水素ガス，塩化水素ガスが1：1：2である。塩素分子が水素と同じように塩素原子2個でできていると考えると，先の表のデータから，塩素原子1個の質量は水素原子1個の質量の何倍と考えられるか，有効数字3桁で答えよ。

3 化学反応の量の関係 1

2017 防衛大学校

以下の文章をよみ，次の **問1** ～ **問5** に答えよ。必要があれば，原子量は p.4 の値を使うこと。

炭酸カルシウムは塩酸と反応して二酸化炭素を発生する。炭酸カルシウムを主成分とする大理石 3.0 g に，ある濃度の塩酸を加える実験を行った。このとき，加えた塩酸の体積と発生した二酸化炭素の質量の関係を調べたところ，以下の結果が得られた。ただし，大理石中に含まれる炭酸カルシウム以外の成分は，塩酸と全く反応しなかったものとする。

加えた塩酸の体積〔mL〕	20.0	40.0	60.0	80.0	100.0
発生した二酸化炭素の質量〔g〕	0.44	0.88	1.10	1.10	1.10

問1 炭酸カルシウムと塩酸の反応を化学反応式で記せ。

問2 発生した(a)二酸化炭素は，石灰水を白濁させることで確認できる。さらに(b)過剰の二酸化炭素を通じると，白濁が消失することが知られている。次の(1)，(2)に答えよ。

(1) 下線部(a)の反応を化学反応式で記せ。

(2) 下線部(b)の理由を，生成する化合物の名称を用いて簡潔に述べよ。

問3　発生した二酸化炭素の捕集は，下方置換で行った。同様に下方置換で捕集するのが適切な気体を，下の①〜⑤のうちからすべて選び，解答欄に番号で答えよ。

　　① 水素　　② 塩素　　③ 窒素　　④ アンモニア
　　⑤ アセチレン

問4　本実験で大理石に加えた塩酸のモル濃度〔mol/L〕はいくらか。四捨五入して有効数字2桁で答えよ。

問5　本実験で用いた大理石に含まれていた炭酸カルシウムの純度（質量パーセント）はいくらか。四捨五入して有効数字2桁で答えよ。

4 化学反応の量の関係 2

2010 宇都宮大学

次の文章を読んで，以下の 問1 ～ 問7 に答えよ。

炭酸水素ナトリウムと，ある濃度の塩酸を用いて，以下に示す化学反応における質量変化の測定を行った。

〔実験操作〕
(i) ビーカーに塩酸 50.0 mL を量り取り，電子天秤で，このビーカーと塩酸の合計の質量を測定したところ m_0〔g〕であった。

(ii) (i)の塩酸に，炭酸水素ナトリウムを一定量ずつ加え，炭酸水素ナトリウムを加えることで起こる変化が完全に終わった後に溶液とビーカーを合わせた質量 Z〔g〕を電子天秤で測定した。以上の操作を繰り返し行った。なお，質量測定を行うとき，ビーカーの中には固体は存在しなかった。

上記の 〔実験操作〕(ii)において，加えた炭酸水素ナトリウムの全量 m〔g〕と，Z〔g〕から m_0〔g〕を引いた値 Y〔g〕との関係をグラフにすると図1の結果が得られた。この結果を線で結ぶと，直線 A および直線 B が得られ，Y と m の関係は図中に示す関係式で表されることがわかった。なお，炭酸水素ナトリウムの式量は 84.0 とし，操作中は，温度は一定で，水の蒸発はなく，発生する気体は全てビーカーから大気中に出てしまうものとする。

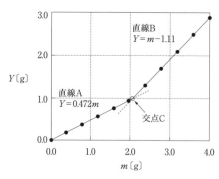

図 1

12

問1 塩酸（塩化水素）に炭酸水素ナトリウムを加えたときに起こる化学反応の化学反応式を書け。

問2 この測定で，Y と m の間に直線関係が2つ現われる理由について述べよ。また，〔**実験操作**〕(ii)で起こる化学反応において，図1の交点Cは何と呼ばれるのか答えよ。

問3 図1から，〔**実験操作**〕(i)で量り取った塩酸が全て反応するために必要な炭酸水素ナトリウムの質量〔g〕を，小数点以下3桁を四捨五入して小数点以下2桁まで求めよ。なお，解答では考え方も記せ。

問4 〔**実験操作**〕(i)で量り取った塩酸の中に存在していた塩化水素の物質量〔mol〕を，小数点以下4桁を四捨五入して小数点以下3桁まで求めよ。なお，解答では考え方も記せ。

問5 この実験で用いた塩酸のモル濃度〔mol/L〕を，小数点以下3桁を四捨五入して小数点以下2桁まで求めよ。なお，解答では考え方も記せ。

問6 交点Cまでに加えた炭酸水素ナトリウムの量 m〔g〕と，気体の発生量 M〔g〕との関係を表す関係式を直線AとBの傾きから求めよ。

問7 この測定結果から，〔**実験操作**〕(ii)で発生する気体の分子量を求めることができる。**問6** で求めた関係式を用いて，発生する気体の分子量を，小数点以下2桁を四捨五入して小数点以下1桁まで求めよ。解答では考え方も記せ。

2007 九州大学

次の〔実験1〕〜〔実験5〕に関する文章を読み，　問1　〜　問4　に答え
よ。必要があれば，原子量は p.4 の値を使うこと。なお，全ての水溶液の比熱を
4.2 J/(g・℃) とする。

〔実験1〕

　　水酸化ナトリウムの固体 2.0 g を素早く量り取り，ビーカーに入れた水 50 mL
　　に溶解し，温度変化を測定した。その時の温度変化は次のグラフおよび表の通
　　りであった。ここで，水酸化ナトリウムを水中に入れた瞬間を時間 0 s とする。

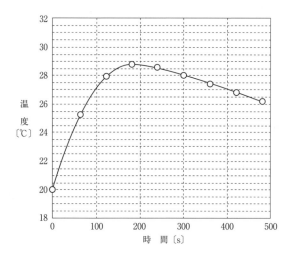

時　間〔s〕	0	60	120	180	240	300	360	420	480
温　度〔℃〕	20.0	25.3	28.0	28.8	28.6	28.0	27.4	26.8	26.2

〔実験2〕

　次に，この水溶液の温度が一定になった時点で，容器ごと断熱容器に入れ，同じ温度の 1.0 mol/L の塩酸を 75 mL 混合すると，混合水溶液の温度は 5.4 ℃ 上昇した。

〔実験3〕

　さらに，この溶液に水を加え 2.0 L とし，ある量のアンモニアを吸収させたところ，水溶液の pH は 3.0 となった。

〔実験4〕

　一方，18 mol/L の濃硫酸 10 mL を断熱容器内の水 100 mL に静かに加えると，混合水溶液の温度は 25 ℃ 上昇した。

〔実験5〕

　また，18 mol/L の濃硫酸 10 mL を断熱容器内の 1.0 mol/L 水酸化ナトリウム水溶液 100 mL に静かに加えた。

問1　〔実験1〕について，水への水酸化ナトリウムの溶解による発熱量 Q〔kJ〕を有効数字 2 桁で求めよ。ただし，水の密度を 1.0 g/cm^3 とする。

問2　〔実験2〕について，この温度上昇値をもとに塩酸と水酸化ナトリウムの中和熱を表す熱化学方程式を示せ。ただし，1.0 mol/L の塩酸の密度を 1.0 g/cm^3 とし，外部からの熱の出入りおよび水酸化ナトリウムの溶解による体積の変化はないものとする。また，中和熱は有効数字 2 桁で示せ。

問3　〔実験3〕について，吸収させたアンモニアの体積は標準状態で何 L であったか。有効数字 2 桁で求めよ。ただし，気体のアンモニア 1.0 mol の標準状態での体積を 22.4 L とする。

問4　〔実験2〕および〔実験4〕の結果を利用して，〔実験5〕における発熱量 Q〔kJ〕を有効数字 2 桁で求めよ。ただし，18 mol/L の濃硫酸の密度を 1.8 g/cm^3，水および水酸化ナトリウム水溶液の密度を 1.0 g/cm^3 とし，外部からの熱の出入りはないものとする。

6 中和滴定 1

2012 東北大学

必要があれば，原子量は p.4 の値を使うこと。

　市販されている食酢の溶質の主成分は酢酸 (CH₃COOH) であり，その濃度は 3 ～ 5 ％ (質量パーセント濃度) である。酢酸の他にも各種有機酸，糖，アミノ酸なども含まれているが，無視できるものとする。中和滴定を用いて，食酢中の酢酸濃度を求める実験を以下に示す。

　　原　　理：食酢中の酢酸を，水酸化ナトリウム水溶液で滴定する。
　　　　　　　$CH_3COOH + NaOH \longrightarrow CH_3COONa + H_2O$
　　試　　料：市販の食酢
　　試　　薬：水酸化ナトリウム (NaOH)，シュウ酸二水和物 ($H_2C_2O_4 \cdot 2H_2O$)
　　指示薬：フェノールフタレイン指示薬

操作 (1)　シュウ酸標準溶液を作り，水酸化ナトリウム水溶液の濃度を求める。
　(1)　シュウ酸二水和物 6.30 g を正確にはかりとり，純水に溶かして，1000 mL の　ア　に移し，純水を加えて正確に 1 L とすることにより，ₐ) シュウ酸標準溶液を作る。
　(2)　水酸化ナトリウム ♭) 約 4 g を純水に溶かして 1 L の水溶液とする。
　(3)　シュウ酸標準溶液 10.0 mL を　イ　を用いて正確にとり，コニカルビーカーに移したのち，フェノールフタレイン指示薬 2 ～ 3 滴を加える。
　(4)　(3)の溶液に，c)　ウ　より水酸化ナトリウム水溶液を滴下し，水酸化ナトリウム水溶液の正確な濃度を求める。

操作 (2)　食酢中の酢酸を，水酸化ナトリウム水溶液で滴定する。
　(1)　食酢 10.0 mL を　イ　を用いて正確にとり，100 mL の　ア　に入れて，正確に 10 倍に薄める。
　(2)　10 倍に薄めた食酢溶液 10.0 mL を　イ　を用いて正確にとり，コニカルビーカーに移したのち，d) フェノールフタレイン指示薬 2 ～ 3 滴を加えて，e) 水酸化ナトリウム水溶液で滴定する。

16

問1 文中の空欄 ア から ウ に入る適切な計量器具を下図から選び，記号で答えよ。また，その名称も記せ。

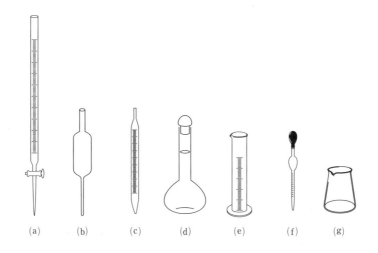

(a)　(b)　(c)　(d)　(e)　(f)　(g)

問2 下線部 a) のシュウ酸標準溶液のモル濃度〔mol/L〕はいくらか。その数値を有効数字3桁（けた）で答えよ。

問3 下線部 c) で，水酸化ナトリウム水溶液の滴定量は 10.31 mL であった。水酸化ナトリウム水溶液の正確なモル濃度〔mol/L〕はいくらか。その数値を有効数字3桁で答えよ。

問4 下線部 e) で，水酸化ナトリウム水溶液の滴定量は 8.35 mL であった。食酢中の酢酸の質量パーセント濃度はいくらか。食酢の密度は $1.00 \ \mathrm{g/cm^3}$ として，その数値を有効数字3桁で答えよ。

問5 下線部 d) で，指示薬にメチルオレンジ（変色域 pH = 3.1 ～ 4.4）ではなくフェノールフタレイン（変色域 pH = 8.0 ～ 9.8）を使う理由を50字以内で述べよ。

問6 下線部 b) で水酸化ナトリウムをおおよその量ではかり，下線部 c) での水溶液の濃度を正確に求めている。その理由を60字以内で述べよ。

2012 宇都宮大学

必要があれば，原子量および定数は p.4 の値を使うこと。

水酸化ナトリウム (NaOH：モル質量 40.0 g/mol)，炭酸水素ナトリウム (NaHCO$_3$：モル質量 84.0 g/mol)，炭酸ナトリウム (Na$_2$CO$_3$：モル質量 106.0 g/mol)，および塩化ナトリウム (NaCl：モル質量 58.5 g/mol) からなる試薬 A がある。試薬 A を構成する各成分の割合を求めるために，**操作Ⅰ**から**操作Ⅳ**の手順で実験を行った。この実験に関する次の文章を読み，以下の問い (**問1** ～ **問9**) に答えよ。ただし，この実験では空気中の二酸化炭素の影響はないものとする。

操作Ⅰ 試薬 A を 33.94 g とり，加熱し十分に乾燥したのちに，均一な粉末になるように粉砕して試薬 B を調製した。試薬 B の質量は 27.74 g となり，試薬 B には NaHCO$_3$ は含まれていなかった。

操作Ⅱ 試薬 B を 2.774 g とり，水に溶解したのち，水を加え 200.0 mL の溶液とした。

操作Ⅲ 操作Ⅱで調製した溶液から 20.0 mL を三角フラスコにとり，フェノールフタレイン指示薬を数滴添加したのち，0.100 mol/L 塩酸で滴定した。このとき，三角フラスコ中の溶液の赤色が消失するのに 30.00 mL を要した。

操作Ⅳ 操作Ⅲ終了後の三角フラスコにメチルオレンジ指示薬を数滴添加したのち，ふたたび 0.100 mol/L 塩酸で滴定した。このとき，三角フラスコ中の溶液の色が変わるのに 15.00 mL を要した。

問1 **操作Ⅰ**において，加熱により NaHCO$_3$ が他の物質に変化する化学反応式を記せ。

問2 **操作Ⅰ**の質量変化から，33.94 g の試薬 A に含まれていた NaHCO$_3$ の質量を計算せよ。ただし，小数点以下 1 桁まで答えよ。

問3 操作Ⅱにおいて，体積を 200.0 mL とするのにもっとも適している器具の名称を述べ，その概形を描け。ただし，器具の特徴的な部分をはっきりと描くこと。

また，**操作Ⅲ**において，20.0 mL の溶液を三角フラスコに量り取るのにもっとも適している容積器具の名称を述べ，その概形を描け。ただし，器具の特徴的な部分をはっきりと描くこと。

問4 **操作Ⅲ**で起こる二つの中和反応の化学反応式を記せ。

問5 **操作Ⅳ**で起こる中和反応の化学反応式を一つ記せ。

問6 **操作Ⅲ**および**Ⅳ**の実験によって得られた結果から，2.774 g の試薬 B に含まれていた NaOH と Na_2CO_3 の質量を計算せよ。ただし，小数点以下 2 桁まで答えよ。

問7 33.94 g の試薬 A に含まれていた NaCl の質量を計算せよ。ただし，小数点以下 2 桁まで答えよ。

問8 **操作Ⅲ**および**Ⅳ**における滴定曲線として，もっともふさわしいものを次の図 2−1 の(ア)〜(エ)の中から一つ選べ。また，選んだ理由を 50 字程度で，例にならって述べよ。

例 | H | 2 | O | は | ， | H | + | と | 反 | 応 | し ， |

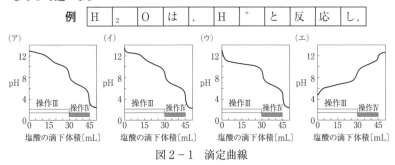

図 2−1　滴定曲線

問9 水に溶解した 2.774 g の試薬 B に含まれる NaOH，NaCl および Na_2CO_3 の質量をそれぞれ，m_1，m_2 および m_3 とする。**操作Ⅱ**で調製した溶液の pH を与える式を導け。なお，導出過程も示せ。ただし，この溶液は強いアルカリ性であり，CO_3^{2-} イオンと水素イオンとの反応により生成する HCO_3^- イオンは存在しないものとする。

2010 北海道大学

次の文章を読み，**問1** ～ **問7** に答えよ。必要があれば，原子量は p.4 の値を使うこと。

ある河川から採取した試料水中の溶存酸素量を測定した。ただし，試料水以外に測定に用いた試薬溶液中の溶存酸素は無視できる。まず，試料水 100 mL を空気が入らないように密閉容器に詰めて，12 mol/L の水酸化カリウム水溶液 0.50 mL と(i)2.0 mol/L の硫酸マンガン(Ⅱ)水溶液 0.50 mL を，その密閉容器内に注入した。溶液中では以下の式(1)の反応がおこり，水酸化アルミニウムと同じ　(ア)　色の沈殿が生じた。

$$Mn^{2+} + 2OH^- \longrightarrow Mn(OH)_2 \downarrow \cdots\cdots\cdots\cdots\cdots\cdots (1)$$

生成した沈殿が密閉容器内の全体に及ぶように溶液を混ぜると，沈殿の一部は以下の式(2)の反応のように(ii)試料水中のすべての溶存酸素と反応して，沈殿は灰色に変化した。

$$2Mn(OH)_2 + O_2 \longrightarrow 2MnO(OH)_2 \cdots\cdots\cdots\cdots\cdots\cdots (2)$$

この式(2)の反応ではマンガンの酸化数は　(a)　から　(b)　に変化する。このあとこの密閉容器内に，1 mol/L のヨウ化カリウム水溶液 0.50 mL と 12 mol/L の硫酸 2.0 mL を注入し，溶液を混ぜると，以下の式(3)の反応が起こり，沈殿は溶解して，ヨウ素の遊離により溶液の色は　(イ)　色になった。

$$MnO(OH)_2 + 2I^- + 4H^+ \longrightarrow Mn^{2+} + I_2 + 3H_2O \cdots\cdots\cdots (3)$$

この容器中の溶液をすべて三角フラスコに移し，1.0 ％デンプン水溶液 1.0 mL を加えると，溶液は　(ウ)　色に変化した。この溶液を 0.025 mol/L のチオ硫酸ナトリウム($Na_2S_2O_3$) 標準溶液で滴定すると，3.00 mL 滴下したところで　(ウ)　色が完全に消滅した。この滴定時の反応は以下の式(4)で表される。

$$I_2 + 2Na_2S_2O_3 \longrightarrow 2NaI + Na_2S_4O_6 \cdots\cdots\cdots\cdots\cdots\cdots (4)$$

問1 文中の ｱ ～ ｳ にあてはまる適切な語句を，下の(あ)～(か)から選び，記号で答えよ。

(あ) 赤　　(い) 黄褐　　(う) 白　　(え) 黒
(お) 青紫　　(か) 緑

問2 文中の (a) と (b) に入る整数値を正負の符号も含めて答えよ。

問3 以下の(1)，(2)に答えよ。

(1) 「気体の水への溶解度は，温度が変わらなければ，水に接しているその気体の分圧に比例する」という法則がある。この法則の名前を答えよ。

(2) 文中の試料水の温度では酸素の分圧 1.01×10^5 Pa 下での水 1 L への酸素の溶解度は 2.0×10^{-3} mol だった。空気は窒素と酸素が体積比で 4：1 の混合物であるとして，この温度で大気圧 1.01×10^5 Pa 下での水 100 mL 中に溶解できる酸素量（飽和溶存酸素量〔mg〕）を，**問3**(1)の法則を用いて有効数字 2 桁で求めよ。

問4 文中の下線部(ii)のように，**問3**(2)で計算した飽和溶存酸素量のすべてを $Mn(OH)_2$ と反応させるために必要な，文中の下線部(i)の 2.0 mol/L の硫酸マンガン（Ⅱ）水溶液の容量〔mL〕を有効数字 2 桁で求めよ。

問5 文中の式(2)～(4)から，溶存酸素分子 1.0 mol を滴定するのに必要なチオ硫酸ナトリウムの物質量〔mol〕を有効数字 2 桁で求めよ。

問6 文中の式(2)～(4)から，1.0 mol のチオ硫酸ナトリウムで滴定できる最大の溶存酸素量〔g〕を有効数字 2 桁で求めよ。

問7 文中の試料水 100 mL 中に含まれていた溶存酸素量〔mg〕を有効数字 2 桁で求めよ。

2007 北海道大学

次の文章を読み，**問1**～**問5** に答えよ。必要があれば，原子量は p.4 の値を使うこと。

化学的酸素要求量（COD）は水質を評価する指標のひとつで，河川などの水 1 L に含まれる有機物を酸化するときに要した酸化剤の物質量を，O_2 の物質量に換算し，O_2 の質量で表したものであり，単位を mg/L で表す。実験としては，まず河川水に含まれる有機物を，酸化剤を過剰に加えて酸化する。次に，初めに加えた酸化剤と過不足なく反応する量の還元剤を加える。さらに，酸化剤で余分の還元剤を滴定することにより，有機物を酸化するときに要した酸化剤の量を求める。そこで，COD を求めるために〔実験1〕～〔実験3〕を行った。

〔実験1〕

検査する河川水 20 mL を ⎡ (a) ⎤ を用いて正確に三角フラスコにはかり取り，純水な水を加え約 100 mL とした。6 mol/L の硫酸 10 mL と 1 mol/L の(1)硝酸銀水溶液 5 mL を加えた。5.00×10^{-3} mol/L の過マンガン酸カリウム水溶液 10 mL を ⎡ (a) ⎤ を用いて正確にはかり取り加えた。溶液の入った三角フラスコを沸騰した水浴上で 30 分間加熱した。さらに，(2)1.25×10^{-2} mol/L のシュウ酸ナトリウム水溶液 10 mL を ⎡ (a) ⎤ を用いて正確にはかり取り，三角フラスコに加えた。

〔実験2〕

三角フラスコ中の溶液の温度を 60～80℃ に保ち，⎡ (b) ⎤ を用いて，5.00×10^{-3} mol/L の過マンガン酸カリウム水溶液で滴定した。赤紫色が消えなくなった時点を終点とした。(3)このとき要した過マンガン酸カリウム水溶液の体積は 6.0 mL であった。

〔実験3〕

河川水のかわりに純水な水を用いて，**実験1**と**実験2**の操作を行った。(4)このとき要した過マンガン酸カリウム水溶液の体積は 1.2 mL であった。

問1 ⎡(a)⎤ , ⎡(b)⎤ で使う最も適切な実験器具を(ア)〜(カ)から選び記号で答えよ。

　　(ア) ビュレット　　(イ) こまごめピペット　　(ウ) 試験管

　　(エ) コニカルビーカー　　(オ) ホールピペット　　(カ) メスフラスコ

問2 下線部(2)では，水溶液中で過マンガン酸カリウムとシュウ酸ナトリウム($Na_2C_2O_4$) の反応が起こっている。(A)〜(C)に答えよ。

　　(A) 酸化剤の反応を，電子を含むイオン反応式で示せ。

　　(B) 還元剤の反応を，電子を含むイオン反応式で示せ。

　　(C) 全体で起こった反応を化学反応式で示せ。

問3 下線部(1)で，硝酸銀水溶液を加えるのは河川水中に含まれる塩化物イオンの影響をなくすためである。硝酸銀水溶液を加えずに実験操作を行うと，塩化物イオンも酸化剤と反応する。この反応をイオン反応式で示せ。

問4 下線部(3)で要した体積 6.0 mL から下線部(4)で要した体積 1.2 mL を差し引くと，河川水に含まれる有機物を酸化するのに要した酸化剤の体積が求められる。河川水 1L に含まれる有機物を酸化するのに要した過マンガン酸カリウムの物質量を有効数字 2 桁で答えよ。

問5 受け取る電子の数から，過マンガン酸カリウムの 4 mol が，O_2 の 5 mol に換算される。河川水の COD (mg/L) を有効数字 2 桁で求めよ。

10 電気分解1

2007 大阪大学

　下図に示すように，0.100 mol/L の塩化ナトリウム水溶液 200 mL が入った 3 つの容器（容器①〜③）がある。各容器に 10.0 g の金属板ア〜ウをそれぞれ入れた。金属板ア〜ウは，銅，銀，または亜鉛版のいずれかである。金属板を電池の正極に，炭素棒を負極にそれぞれ接続し，各金属板に 1.00 A の電流で 32 分 10 秒間電気を流したところ，容器①にある金属板アの質量は増え，容器②と③にある金属板イとウの質量は減った。以下の問いに答えよ。ただし，ファラデー定数を 9.65×10^4 C/mol，Cu，Ag，Zn の原子量をそれぞれ 63.6，108，65.4 とし，有効数字は 3 桁として計算せよ。

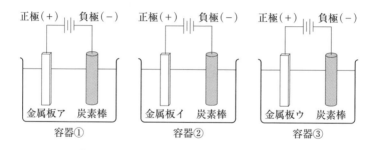

問1　金属板アではどのような反応が起こり質量が増えたか，反応式で示せ。

問2　容器から電極を取り出し，残りの水溶液に過剰のアンモニア水を加えると，容器②の水溶液が深青色に変化した。金属板イは何であるか，答えよ。また，深青色を示す化合物の化学式を記せ。

問3　容器③について，全ての電気量が金属板の質量を減少させる反応に使われたと仮定すると，反応後の金属板ウの質量はいくらになるか，答えよ。

問4　金属板アを用いた反応によって析出した物質に関して，以下の問いに答えよ。

(1)　この析出物の一部に紫外線を照射すると何が生じるか，20字以内で答えよ。

(2)　(1)の反応後，金属板アをチオ硫酸ナトリウムの水溶液に入れると，どのような反応が起こるか，30字以内で答えよ。また，この反応を反応式で示せ。

電気分解 2

2009 岐阜大学

次の文を読み，以下の　問1　から　問5　に答えよ。必要があれば，原子量および定数は p.4 の値を使うこと。

電解槽Ⅰには 5.00×10^{-2} mol/L 硝酸銀水溶液，電解槽Ⅱには 2.00×10^{-2} mol/L 水酸化ナトリウム水溶液，電解槽Ⅲには 1.00 mol/L 塩化ナトリウム水溶液がそれぞれ 1.00 L 入っている。なお，電解槽Ⅲの中央には陽イオン交換膜があり，電解槽内の塩化ナトリウム水溶液は完全に二つに仕切られている。電解槽Ⅰと電解槽Ⅱにはそれぞれに 2 枚の白金板を入れ，電解槽Ⅲには陽イオン交換膜で仕切られた塩化ナトリウム水溶液それぞれに 1 本の炭素棒を入れて電極とした。電解槽Ⅰ，電解槽Ⅱ，電解槽Ⅲをすべて直列につなぎ，一定時間直流電流を流した。通電終了後，電解槽Ⅰの陰極の質量が 432 mg 増加した。なお，実験はすべて 25℃で行い，蒸発などによる溶液の減少は無視してよい。

問1 それぞれの電解槽の陽極と陰極で通電中に起こる反応を，電子 e⁻ を含む
イオン反応式で示せ。

問2 通電中に流れた電気量〔C〕を計算せよ。計算結果は有効数字3桁で示せ。

問3 電解槽Ⅰの陽極および電解槽Ⅱの陰極で発生する気体はそれぞれ標準状
態で何 mL か，計算せよ。計算結果は有効数字3桁で示せ。

問4 電解槽Ⅱ中の通電前の水素イオン濃度 $[H^+]$〔mol/L〕を計算せよ。ただし，
水のイオン積 K_w は 1.0×10^{-14} $(mol/L)^2$ とし，計算結果は有効数字2桁で示せ。

問5 電解槽Ⅰ，電解槽Ⅱ，および電解槽Ⅲの陽極側と陰極側の水素イオン濃
度 $[H^+]$ は通電後に通電前と比べて，"増加する" か，"減少する" か，それとも "変
わらない" か，答えよ。

2007 金沢大学

次の文を読んで，下の **問1** ～ **問4** に答えよ。

丸底フラスコの中で物質を蒸発，凝縮させ，その分子量を測定する方法がある。この方法では，まずフラスコの中で物質を加熱して蒸発させ，生成した気体でフラスコを満たす。この気体が理想気体であると仮定し，フラスコの中にある物質の物質量 n を次式によって算出する。

$$n = \frac{pV}{RT} \quad \cdots\cdots\cdots\cdots(1)$$

この式の右辺にある p は圧力，V は体積，R は気体定数，T は絶対温度を表し，(a)R 以外の変数の値は実験結果や他の情報から求める。次に，フラスコ中の気体を冷却して凝縮させて(b)その質量 m を求め，物質の分子量 M を次式によって算出する。

$$M = \frac{m}{n} \quad \cdots\cdots\cdots\cdots(2)$$

この方法を用いてヘキサンの分子量を実際に測定しようと考え，以下の実験操作と計算を行った。なお，実験には容量の規格が 500 mL の丸底フラスコを用いた。実験を行った実験室の温度は 27 ℃，大気圧は 1.0×10^5 Pa であり，この圧力におけるヘキサンの沸点は 69 ℃であった。

まず，下の**操作1**と**操作2**により，フラスコの容量を測定する。

操作1　乾燥させた空のフラスコを天秤にのせ，質量を測定する。

操作2　　ア　量の蒸留水を入れたフラスコを天秤にのせ，質量を測定する。次に，フラスコ内の蒸留水を捨て，フラスコを乾燥させた後，以下の操作と計算を行う。

操作3　フラスコと**操作5**で用いるアルミニウム箔を天秤にのせ，質量を測定する。

操作4　メスピペットを用いてヘキサンをはかり取り，フラスコに入れる。

操作5　フラスコの口にアルミニウム箔でふたをし，このふたに小さな穴をあける。

操作6　(c)フラスコを水浴に入れ，水浴の水面が　イ　する高さになるようにフラスコの位置を調節する。

操作7 沸騰石を ウ に入れ，水浴の水を加熱する。加熱の強さは， エ よ
うに調節する。なお，加熱中に実験者が オ を吸い込まないようにするため，
十分に喚起することが必要である。

操作8 (d) カ から，5分程度経過した後，加熱をやめる。

操作9 水浴からフラスコを取り出し，フラスコの外側に付着した水をふき取り，
(e)室温まで冷やした後，ふたをしたままフラスコを天秤にのせ，質量を測定する。

計算 (1)式によって n を算出し，さらに(2)式によって M を算出する。正しい M の
値を得るためには，**操作4**で適切な量のヘキサンをフラスコに入れる必要があ
る。このため，**操作4**でフラスコに入れるヘキサンの量を変えながら**操作3**から
計算までを繰り返す。**操作9**の後，再び**操作3**を行うときには，フラスコ内部を
キ で洗浄した後，フラスコを乾燥させる。フラスコ内部の洗浄によって生じ
た廃液は ク する。**操作4**でフラスコに入れるヘキサンの量が ケ するに
つれて M の値は コ し，やがてヘキサンの量がそれ以上 ケ しても M の値
は変化しなくなる。この値が正しい M の値であると考えられる。

問1 文章中の ア ～ ク に入る語句は何か。次の(あ)～(う)の中から最も適
切なものをそれぞれ1つ選び，その記号を記せ。

ア (あ) 実験で用いたフラスコの容量の規格である 500 mL の
(い) フラスコの球形部分の上端に達する
(う) フラスコの上端に達する

イ (あ) フラスコに 500 mL の液体を入れたときに予想されるフラスコ内の
液面と一致
(い) フラスコ球形部分の上端と一致
(う) フラスコの上端にできるだけ接近

ウ (あ) 水浴の中だけ
(い) フラスコの中だけ
(う) 水浴の中とフラスコの中との両方

エ (あ) フラスコの中のヘキサンが沸騰せずに穏やかに気化する
(い) フラスコの中のヘキサンが穏やかに沸騰し続ける
(う) 水浴の水が穏やかに沸騰し続ける

オ (あ) 高温の水蒸気 (い) ヘキサン (う) 窒素酸化物

カ	(あ)	ヘキサンが沸騰し始めて
	(い)	水浴の水が沸騰し始めて
	(う)	液体のヘキサンが見えなくなって

キ	(あ) 蒸留水	(い) エタノール	(う) 塩酸

ク	(あ)	そのまま実験室の排水口に放流
	(い)	中和した後，実験室の排水口に放流
	(う)	廃液溶液に回収

問2 文章中の ケ と コ に入る適切な語句の組み合わせを次の(あ)～(え)の中から1つ選び，その記号を記せ。

(あ) ケ：減少，コ：減少　　(い) ケ：減少，コ：増加

(う) ケ：増加，コ：減少　　(え) ケ：増加，コ：増加

問3 適切な M の値が測定できるようになったとき，下線部(c)～(e)においてフラスコには何が入っているか。次の(あ)～(け)の中から適切なものをそれぞれ1つ選び，その記号を記せ。

(あ) 液体は無く，空気だけ

(い) 液体は無く，気体の水だけ

(う) 液体は無く，気体のヘキサンだけ

(え) 液体の水と空気

(お) 液体の水と気体の水

(か) 液体の水と気体のヘキサン

(き) 液体のヘキサンと空気

(く) 液体のヘキサンと気体の水

(け) 液体のヘキサンと気体のヘキサン

問4　計算について，次の(1)と(2)に答えよ。ただし，気体の質量を無視して計算しても重大な誤差を生じないと考える。

(1) 下線部(a)はどのようにして行ったらよいか。それぞれの変数の値を求めるときに用いる計算式を表1の記号を用いて記せ。

(2) 下線部(b)はどのようにして行ったらよいか。m の値を求めるときに用いる計算式を表1の記号を用いて記せ。

表1

記号	記号の意味
d_1	実験室の大気圧と実験室の温度におけるヘキサンの密度
d_2	実験室の大気圧と実験室の温度における水の密度
d_3	実験室の大気圧とヘキサンの沸点における水の密度
p_1	実験室の大気圧
p_2	実験室の温度におけるヘキサンの蒸気圧
p_3	実験室の温度における水の蒸気圧
T_1	℃の単位で表した絶対零度
T_2	℃の単位で表した実験室の温度
T_3	℃の単位で表した，実験室の大気圧におけるヘキサンの沸点
T_4	℃の単位で表した，実験室の大気圧における水の沸点
w_1	操作1で測定された質量
w_2	操作2で測定された質量
w_3	操作3で測定された質量
w_4	操作9で測定された質量

2007 大阪大学

＜気体の性質＞

図1は, 気体容器に逆流防止弁2個（AおよびB）を取り付けた装置である。弁Aは, 容器内の圧力が外気圧より 2.0×10^4 Paだけ高くなれば開き, このとき気体は容器から外に流れ出る。一方, 弁Bは, 弁Aとは逆向きに取り付けてあり, 容器内の圧力が外気圧より 1.0×10^4 Paだけ低くなれば開き, このとき外気が容器に流れ込む。どちらの弁も, 所定の圧力差に達しない場合や, 逆向きの圧力差がある場合は閉じている。また, 弁を通して気体が逆流することはない。この装置を使って, 以下の**操作**(i)と(ii)を行った。ここで, 容器の内容積は, 圧力や温度によって変化しないものとする。また, 混合気体を含め, 気体はすべて理想気体とする。

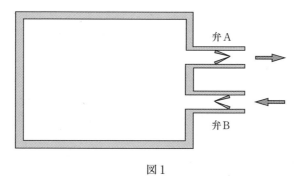

図1

操作 (i) 圧力が 1.0×10^5 Paの大気中に装置を設置した。温度を280 Kに保ったまま, 容器内に十分な量のドライアイスを入れたところ, 弁Aから気体が吹き出した。しばらくして, ドライアイスが完全に無くなった後の容器内の圧力は, 1.20×10^5 Paであった。このとき, もともと容器内にあった空気は, すべて二酸化炭素で置き換わっていた。

操作 (ii) ひきつづき, 容器の温度を一定の速さで420 Kまで上昇させ, その後ただちに同じ速さで元の温度280 Kまで下げた。図2に, 容器内の気体の温度の時間変化を示す。

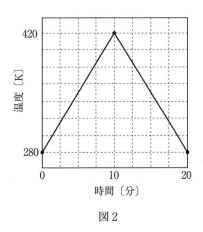

図 2

問 1 **操作**(ii)で，弁 A が開いている時間は何分から何分かを答えよ。

問 2 **操作**(ii)で，弁 B が開くときの容器内の気体の温度を答えよ。

問 3 **操作**(ii)における容器内の圧力の時間変化を，解答欄のグラフの中に実線で示せ。

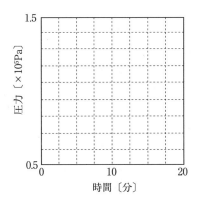

問 3 の解答欄

問 4 **操作**(ii)において，280 K に戻した後の容器内の二酸化炭素の分圧を，有効数字 2 桁で答えよ。また，計算の過程も示せ。

次の文章を読み，**問1**〜**問4**に答えよ。必要があれば，原子量および定数はp.4の値を使うこと。ただし，各成分の濃度は質量パーセント濃度〔%〕とする。蒸気は理想気体とみなし，発生した蒸気は全て凝縮されたとする。また，蒸気発生中に原料液の組成と蒸気温度は変化しないとする。

図1に示す蒸留装置を用いて，大気圧下でエタノールと水の混合溶液の分留実験を行う。エタノールと水の混合液（原料液）を加熱し，その全蒸気圧が大気圧に達すると溶液が沸騰する。このとき，大気圧が $P = 1.0 \times 10^5$ Pa であり，水の蒸気圧を p_w，エタノールの蒸気圧を p_e とすると，次式が成り立つ。

$$P = \boxed{\text{(a)}} = 1.0 \times 10^5 \text{ Pa}$$

エタノールの方が水より蒸発しやすいため，発生した蒸気を凝縮させるとエタノールが濃縮された留出液が得られる。

図1の蒸留装置に，(1)エタノールを25%含む原料液を入れて沸騰させた。発生した蒸気を凝縮させると，エタノールを69%含む留出液が1.0 g得られた。留出液中には，エタノールが $\boxed{\text{(b)}} \times 10^{-2}$ mol，水が $\boxed{\text{(c)}} \times 10^{-2}$ mol存在することから，蒸気中のエタノールの分圧は $\boxed{\text{(d)}} \times 10^4$ Pa，水の分圧は $\boxed{\text{(e)}} \times 10^4$ Paである。このときの蒸気の温度が87℃であった。よって，この温度での発生した蒸気の体積は $\boxed{\text{(f)}}$ Lである。

分留によって得られた留出液を原料液として再度使用し分留操作を繰り返せば，エタノール水溶液から水を全て除去できると考えられる。しかし実際は，(2)原料液のエタノール濃度が96%以上になると，原料液と留出液に含まれるエタノール濃度はほぼ等しくなるため，図1の蒸留装置ではエタノールを96%以上に濃縮することは非常に困難となる。

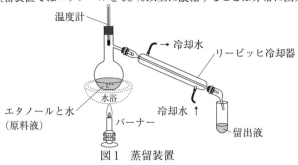

温度計
→冷却水
リービッヒ冷却器
水浴
エタノールと水
（原料液）
バーナー
冷却水 ↑
留出液
図1 蒸留装置

問1 | (a) |にあてはまる適切な式を，水蒸気圧 p_w とエタノール蒸気圧 p_e を用いて示せ。

問2 | (b) |～| (e) |にあてはまる適切な数値を，それぞれ(ア)～(ソ)から選び，記号で答えよ。

(ア) 1.5 　　(イ) 1.7 　　(ウ) 2.2 　　(エ) 2.8
(オ) 3.8 　　(カ) 4.4 　　(キ) 4.7 　　(ク) 5.0
(ケ) 5.3 　　(コ) 5.6 　　(サ) 6.2 　　(シ) 7.2
(ス) 7.8 　　(セ) 8.3 　　(ソ) 8.5

問3 | (f) |にあてはまる適切な数値を，有効数字2桁で答えよ。

問4 下線(1)と下線(2)の事実をもとに，原料液と留出液に含まれるエタノール濃度の関係を示す最も適切なグラフを図2の(ア)～(カ)の中から一つ選び，記号で答えよ。

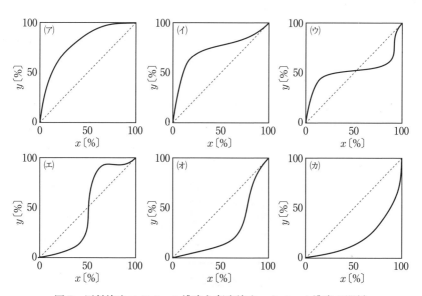

図2 原料液中エタノール濃度と留出液中エタノール濃度の関係
x：原料液エタノール濃度〔%〕，y：留出液中エタノール濃度〔%〕

2016 お茶の水女子大学

気体の水への溶解に関する下記の文章を読み，**問1**〜**問8**に答えよ。必要があれば，定数は p.4 の値を使うこと。また，解答に必要な場合には次の数値を用いよ。なお，数値で解答する場合には有効数字は 2 桁とせよ。また，気体は理想気体として扱うことができ，気体の溶解による溶液の体積変化は無視できるものとする。

気体の水への溶解度 B

1 気圧（1 気圧 $= 1.0 \times 10^5$ Pa）の圧力のもと，水 1 L に溶けている気体の量を，標準状態（0 ℃，1 気圧）の体積〔L〕で表したもの。

0 ℃での B 値：　　0.049 L（酸素），　1.7 L（二酸化炭素）

二酸化炭素の電離定数

$$\frac{[\text{H}^+][\text{HCO}_3^-]}{[\text{CO}_2]} = 4.5 \times 10^{-7} \, [\text{mol/L}] \qquad \frac{[\text{H}^+][\text{CO}_3^{2-}]}{[\text{HCO}_3^-]} = 4.7 \times 10^{-11} \, [\text{mol/L}]$$

図 1 のようなスムーズに上下に動くピストンを持つ容器を用い，下記の(a)〜(c)の操作を行った。ピストンには上部にコックを持つパイプが取り付けられており，このパイプは先端部を容器内へ挿入する深さを変えることができる。なお，このピストンの重さや，パイプ内の空隙の体積は無視できるものとする。実験は 0 ℃，1 気圧のもとで行ったとする。

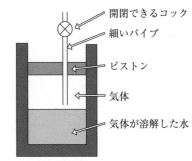

（容器は 0 ℃，1 気圧に保たれている）

図 1

〔操作〕

(a) ピストンをシリンダーの底まで押し込んだ後, 水1Lに標準状態 (0℃, 1気圧) で V_0 〔L〕の量に相当する酸素のみが溶けたものを, ピストンに取り付けられたパイプを通じて容器に導入する。直ちにコックを閉じ容器を静置する。

(b) パイプの先端を容器の底近くまで下げ, コックを開け, 不活性ガス (水への溶解は無視できる) をゆっくりと水と十分混合するように容器内に導入する。容器内の気体の体積が丁度1Lになったらただちにコックを閉じる。

(c) パイプの先端部が, ピストンの下面に一致するまでパイプを引き上げる。コックを開け, ピストンをゆっくりと押し下げ, 容器内の気体を完全に排出した後コックを閉じる。

今, 上記の**操作** (a), 続いて(b)を行った。このときの容器内の気体中の酸素分圧を P 〔気圧〕とする。

(a)の操作で, 容器に入れた水に溶けていた酸素の標準状態での体積 V_0 〔L〕は, **操作** (b)完了後の水に溶けている酸素の量を標準状態での体積に換算したものと, そのとき容器内の気体に含まれる酸素の標準状態での体積の合計に等しい。したがって, V_0 は B と P を用いて次のように表すことができる。

$$V_0 = [\quad (ア) \quad] \cdots\cdots\cdots\cdots\cdots\cdots\cdots\cdots\cdots\cdots\cdots\cdots ①$$

ここで, ①式を変形して P を V_0 と B で表せば,

$$P = [\quad (イ) \quad] \cdots\cdots\cdots\cdots\cdots\cdots\cdots\cdots\cdots\cdots\cdots\cdots ②$$

と書ける。

一方, **操作** (b)完了後の水1L中に溶存している酸素の標準状態での体積 V 〔L〕は, B と V_0 を用いて以下のように表すことができる。

$$V = [\quad (ウ) \quad] \cdots\cdots\cdots\cdots\cdots\cdots\cdots\cdots\cdots\cdots\cdots\cdots ③$$

ここで, 前述の**操作** (c)を行い, 次いで(b)の操作を行った後の容器内の気体の酸素分圧を P_1 〔気圧〕とする。また, このときの溶存酸素の標準状態における体積を V_1 〔L〕とする。さらに(c)の操作を行い, 引き続き(b)の操作をもう一度行った後の酸素分圧を P_2 〔気圧〕とし, 同様に溶存酸素の標準状態における体積を V_2 〔L〕とする。P_1, P_2, V_1, V_2, を②, ③式の様に B と V_0 を用いて表すと, 以下のようになる。

$$P_1 = [\quad (エ) \quad] \cdots\cdots\cdots\cdots\cdots\cdots\cdots\cdots\cdots\cdots\cdots\cdots ④$$

$$V_1 = [\quad (オ) \quad] \cdots\cdots\cdots\cdots\cdots\cdots\cdots\cdots\cdots\cdots\cdots\cdots ⑤$$

$$P_2 = [\quad (カ) \quad] \cdots\cdots\cdots\cdots\cdots\cdots\cdots\cdots\cdots\cdots\cdots\cdots ⑥$$

$$V_2 = [\quad (キ) \quad] \cdots\cdots\cdots\cdots\cdots\cdots\cdots\cdots\cdots\cdots\cdots\cdots ⑦$$

また，**操作** (a)，(b)を行った後，(c)，(b)の操作をこの順で n 回繰り返し行ったときの気体中の酸素分圧を P_n〔気圧〕とする。このとき P_n を n，B，V_0 を用いて表した式は

$$P_n = [\quad (ク) \quad] \cdots\cdots\cdots\cdots\cdots\cdots\cdots\cdots\cdots\cdots\cdots\cdots\cdots ⑧$$

の様に類推できる。

問1 地表付近の乾燥空気には通常酸素が 20 %（体積比）含まれている。大気と平衡にある水中の酸素濃度〔mol/L〕を求めよ。

問2 文章中の空欄(ア)〜(ク)を埋めよ。

問3 **問1** の溶液 1 L について，(a)，(b)の操作を 1 回行った後の溶液中の酸素濃度〔mol/L〕を求めよ。

問4 上記の**操作**(a)，(b)を 1 回行った後，(c)，(b)の操作をこの順で繰り返し行うことにより，水などに溶存した気体を除くことができる。水中の溶存酸素濃度を最初の 0.1 %以下にするためには，(c)，(b)の操作を何回以上繰り返す必要があるか。

問5 地表付近の空気には窒素，酸素の他，二酸化炭素が体積比で 0.035 %含まれている。大気と平衡にある 0 ℃の水中の二酸化炭素濃度〔mol/L〕を求めよ。

問6 **問5** の水溶液の pH は約 5.7（$10^{-5.7} = 2.0 \times 10^{-6}$）だった。このとき，水溶液中に存在する CO_2，HCO_3^-，CO_3^{2-}，OH^-，H^+ のうち存在量の多いもの 3 つを多いものから順にあげ，その濃度〔mol/L〕を記せ。

問7 図 1 の容器に，**操作** (a) と同様な方法で純粋な水 1 L をいれ，ここに不活性気体の代わりに二酸化炭素 6 L 入れた。ピストンの上下動が完全に停止したとき，容器内の気体の占める体積〔L〕を求めよ。

問8 **問7** で水の代わりに 0.1 mol/L の水酸化ナトリウム水溶液 1 L を入れた。

(i) ピストンの上下動が完全に停止したとき，容器内の気体の占める体積〔L〕を求めよ。

(ii) 水中に存在する CO_2，HCO_3^-，CO_3^{2-}，OH^-，Na^+，H^+ のうち存在量の多いもの 3 つを多いものから順にあげ，その濃度〔mol/L〕を記せ。

(iii) ピストンにかかる圧力を 1 気圧から 3 気圧へ徐々にあげていった。このときの容器の気体の占める体積〔L〕を求めよ。また溶液の pH は上昇するか下降するか。

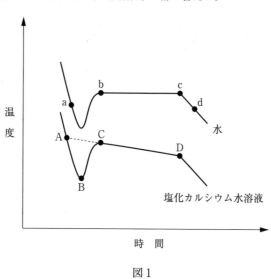

2011 お茶の水女子大学

　水と，水 100 g に塩化カルシウム二水和物 $(CaCl_2 \cdot 2H_2O)$ 4.10 g を溶かして作った塩化カルシウム水溶液を，ゆっくり冷却しながら温度を精密に測定したところ，水と塩化カルシウム水溶液の温度変化は図 1 に示すような曲線になった。以下の 問1 〜 問7 に答えよ。必要があれば，原子量は p.4 の値を使うこと。ただし，水のモル凝固点降下を 1.85 K·kg/mol とし，塩化カルシウムは水溶液中で完全に電離しているとする。計算問題では過程も示し，有効数字 3 桁で答えよ。

温度

時　間

図 1

問1 図1のaにおける水の状態，bからcの範囲における水の状態，dにおける水の状態をそれぞれ説明せよ。

問2 bからcの範囲では，周囲から冷却しているにもかかわらず温度は一定であった。その理由を説明せよ。

問3 CからDの範囲では次第に温度が下がる。その理由を説明せよ。

問4 塩化カルシウム水溶液の凝固はどこから始まるか。また，凝固点はどこの温度とみなせるか。図1のA〜Dから選べ。

問5 この塩化カルシウム水溶液の質量モル濃度〔mol/kg〕を求めよ。

問6 この塩化カルシウム水溶液の凝固点降下度 Δt を求めよ。

問7 溶液の凝固点を調べる時に，溶液の濃度としてモル濃度〔mol/L〕ではなく，質量モル濃度〔mol/kg〕が用いられる理由を説明せよ。

2017 香川大学

以下の文章を読み，　**問1**　〜　**問3**　に答えなさい。必要があれば，原子量は p.4 の値を使うこと。

　有機化合物 A は，炭素，水素，および酸素のみからなり，カルボキシ基を 1 つ有するカルボン酸である。A は，ベンゼン溶液中で次式のように一部が会合して，二量体を形成する（R は有機置換基を示す）。そのため，ベンゼン溶液の凝固点降下から求められる見かけの分子量は，二量体形成の影響を受け，A の分子量とは異なる値となる。

$$2R-COOH \rightleftharpoons R-C \begin{matrix} O \cdots\cdots H-O \\ \diagup \quad\quad\quad \diagdown \\ O-H \cdots\cdots O \end{matrix} C-R$$

　1.000 g の A をベンゼン 100 g に溶解した溶液の凝固点を計測したところ，純粋なベンゼンの凝固点と比較して 0.233 ℃低い値を示した。一方，1.000 g の A を完全に燃焼したところ，2.52 g の CO_2 と，0.442 g の H_2O が生成した。ただし，A の二量体 1 分子によるベンゼン溶液の凝固点降下度は，二量体を形成していない 1 分子の A による凝固点降下度に等しいとする。

問1 凝固点降下の実験から得られる A の見かけの分子量を答えなさい。ただし，ベンゼンのモル凝固点降下は 5.12 K・kg/mol である。

問2 A の分子式を示しなさい。なお，計算過程も示しなさい。

問3 上記の実験について，ベンゼンに溶解した A の何％が会合して，二量体を形成していると考えられるか，答えなさい。

2013 埼玉大学

　図を参照して以下の文を読み，**問1** ～ **問3** に答えよ。数値で解答する場合には，有効数字に注意すること。

　グリシドールは，メタノールとエチレンオキシドが結合した分子である。炭素原子2個と酸素原子1個からなる3員環エーテルが，酸性溶液中で開環してグリセリンに変化する。

　化学反応(1)の進行を，図1の実験装置で測定した。グリシドール，水，グリセリンは，いずれも無色透明な物質であるが，屈折率 (n) が異なる。化学反応(1)の進行とともに，溶液の屈折率が徐々に大きくなる。温度を一定に保った円筒形のガラス反応容器に，レーザー光を入射し，反応溶液を透過して反射された光の位置 (Y) をスクリーン上で測定した。

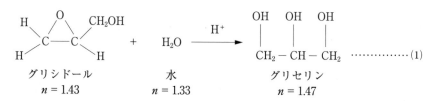

グリシドール　　　　　　水　　　　　　　　グリセリン
$n = 1.43$　　　　　　$n = 1.33$　　　　　　$n = 1.47$

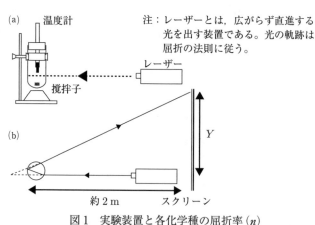

図1　実験装置と各化学種の屈折率 (n)
(a)横から，(b)上から見た図

図1の測定で，溶液の屈折率変化に伴う Y の変化を知るために，反応容器に水（5 mol）を入れ，グリセリンを滴下して，n と Y の関係を求めた。図2のように，Y と n は直線関係となった。

水とグリセリンの物質量を，それぞれ m_1 と m_2 とし，各分子の物質量の割合（モル比）を X_1 と X_2 とすると，

$$X_1 = \frac{m_1}{m_1 + m_2} \quad X_2 = \frac{m_2}{m_1 + m_2} \quad \cdots\cdots\cdots\cdots\cdots\cdots\cdots\cdots (2)$$

となる。水とグリセリンの屈折率を n_1 と n_2 とすると，溶液の屈折率 n は，

$$n = n_1 X_1 + n_2 X_2 \cdots\cdots\cdots\cdots\cdots\cdots\cdots\cdots\cdots\cdots\cdots\cdots\cdots\cdots (3)$$

となる。

以上の取り扱いを拡張し，化学反応(1)に適用すると，反応の進行につれて Y が変化することがわかる。

問1 図2で，$Y = 80$ cm となるときのグリセリンの物質量を，計算過程を示して有効数字2桁で求めよ。

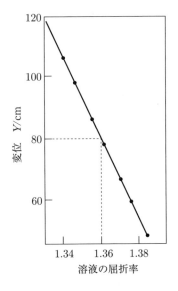

図2　水－グリセリン混合溶液の n と Y の関係

問2 以下の文を読み，空欄㈎〜㈔にあてはまる語および化学用語をかけ。但し，滴下時の１滴の体積は一定とし，滴下による屈折率の変化は無視してよい。

化学反応(1)の反応溶液に濃過塩素酸を 2〜10 滴たらし，Y の時間変化を測定した。平衡に達した際の Y（時間が経って Y が一定になった値）との差を ΔY とし，ΔY の自然対数の時間変化を図3に示した。

水素イオン濃度が増すと，化学反応(1)の速度は ㈎ 。反応の前後で，溶液の pH は一定であったので，水素イオンは ㈊ として作用している。水素イオンは，化学反応(1)の ㈏ を減少させる。同様の水素イオンの効果は， ㈔ 反応でも観察される。

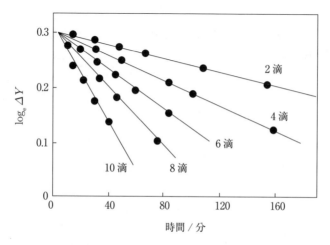

図3 濃過塩素酸添加による ΔY の自然対数の時間変化

46

問3 水素イオン濃度を一定に保ち，反応温度を変化させて ΔY の自然対数の時間変化を測定して，図4を得た。以下の(a)(b)に答えよ。

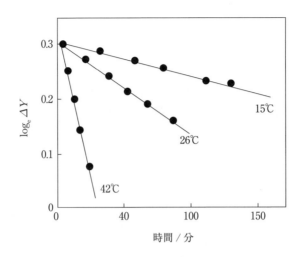

図4 温度を変化させて測定した ΔY の自然対数の時間変化

(a) 図4の実験結果を40字以下でまとめよ。

(b) この実験結果が得られる化学的原因を100字以下で記せ。

2011 鹿児島大学

　図1のグラフは，0.01 mol/L の塩酸と 0.01 mol/L の酢酸を含む混合溶液 10 mL を，0.01 mol/L の水酸化ナトリウム水溶液で滴定したときの滴定曲線である。このグラフについて以下の説明文を読み，下記の **問1** ～ **問3** に答えなさい。

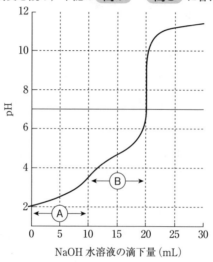

図1　塩酸 − 酢酸混合溶液の滴定曲線

　まず，酢酸の電離平衡だけに注目して考えてみよう。酢酸の電離定数が
$K_a = \dfrac{[\mathrm{H}^+][\mathrm{CH_3COO^-}]}{[\mathrm{CH_3COOH}]}$ であることを用いると，酢酸の電離度 α は $[\mathrm{H}^+]$ と K_a のみ
で表すことができ，$\alpha =$ （　ア　）である。$[\mathrm{H}^+]$ と pH には pH $= -\log_{10}[\mathrm{H}^+]$ の関係があるから，α は水溶液中の酢酸や塩酸の濃度によらず pH のみに依存することが分かる。

　次に，実際に塩酸と酢酸の混合溶液に水酸化ナトリウムの水溶液を滴下したときの pH 変化について，次のように1)～3)と順を追って考えよう。

1)　水酸化ナトリウム水溶液を加える前の溶液の pH は，もし酢酸が全く電離していないとすると（　イ　）である。実際，pH と α の関係を表した図2を見ると，

pH = （　イ　）において α はほぼ 0 である。

2)　水酸化ナトリウム水溶液を滴下すると，水溶液の pH は [H⁺] の（　ウ　）とともに少しずつ増加する。しかし図1を見ると，10 mL 加えたとき pH は約（　エ　）であり，このときの α は図2より約 0.06 である。すなわち，酢酸はほとんど電離していない。

3)　さらに水酸化ナトリウム水溶液を加えると，α が増加し，pH = 5 では $\alpha =$（　オ　）である。中和が完了した時点で，$\alpha =$（　カ　）である。

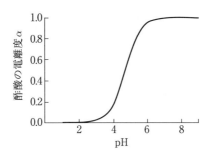

図2　酢酸の電離度 α と pH との関係

問1　（　ア　）～（　カ　）に適切な語句，式，または数値を入れなさい。ただし，酢酸の電離定数 K_a [mol/L] $= 2.0 \times 10^{-5}$ とする。数値は有効数字2けたで答えなさい。また，（　オ　）は計算結果を四捨五入して求めなさい。

問2　水酸化ナトリウム水溶液の滴下体積に対する酢酸の電離度 α のグラフとして正しいものを次の(a)～(b)のうちから1つ選びなさい。

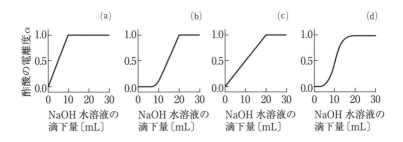

問3　図1の領域Ⓐおよび領域Ⓑの各々において，主に起こっている反応の化学反応式を書き，なぜそのように反応が2段階で進むのか説明しなさい。

2010 東北大学

5種類の金属の単体 M1 から M5，およびそれぞれの金属イオンの水溶液を用いて，実験1から実験5を行った。

実験1：高温の水蒸気と反応させると，M1，M2 および M3 は水素を発生しながら酸化されたが，M4 および M5 は反応しなかった。

実験2：常温の濃硝酸と反応させると，M2 および M3 は表面に a)緻密な酸化被膜が形成され，溶解反応が進みにくくなった。M1，M4 および b)M5 は気体を発生しながら溶解した。

実験3：常温の希塩酸と反応させると，M1 から M3 は水素を発生しながら溶解した。M4 ではその表面に難溶性化合物が生成し，M4 の溶解反応が進みにくくなった。M5 は反応しなかった。

実験4：M1 から M5 の金属イオンを1種類ずつ含む中性水溶液にそれぞれ硫化水素を加えると，M3 の金属イオンを含む水溶液からは沈殿物が生成しなかったが，M1 の金属イオンを含む水溶液からは白色沈殿物が，M2，M4 および M5 の各金属イオンを含む水溶液からはそれぞれ黒色沈殿物が生成した。このうち沈殿物が生成したものに希塩酸を滴下して水溶液を酸性にすると，c)生成した4つの沈殿物のうちの2つが溶解した。

実験5：実験4の下線部 c)の操作で溶解した2つの溶液を煮沸して硫化水素を取り除いたのちに，少量の水酸化ナトリウムを加えるといずれも沈殿物が生成したが，さらに過剰量の水酸化ナトリウムを加えると，d)そのうちの一方の沈殿物は溶解した。

問1 M1からM5にあてはまるものを以下の金属から選び，それぞれ元素記号で答えよ。

亜鉛　アルミニウム　金　鉄　銅　鉛

問2 下線部 a) の状態を何というか，答えよ。

問3 下線部 b) でおこる反応を化学反応式で書け。

問4 下線部 c) について，溶解した2つの沈殿物をそれぞれ組成式で書け。

問5 下線部 d) でおこる反応をイオン反応式で書け。

2007 東京理科大学

次の文章は，Ag^+，Al^{3+}，Ba^{2+}，Cu^{2+}，Pb^{2+}，Zn^{2+} いずれかの異なる陽イオンの塩からなる6種類の化合物A〜Fについて実験を行ったものである。文章を読んで，以下の問い（問1 〜 問7 ）に答えよ。

　AとBの水溶液にアンモニア水を加えるとそれぞれ白色と青色の沈殿を生じた。さらに，過剰にアンモニア水を加えると2つの沈殿は溶け，Aから無色透明な ア の水溶液，Bから青色透明な イ の水溶液を得た。また，AとBの水溶液に硝酸 HNO_3 を加えて酸性にし，硫化水素 H_2S を吹き込むとBのみ黒色沈殿を生じ，Aからは何も沈殿しなかった。一方，Bの水溶液によく磨いた鉄板を浸すと表面に赤味を帯びた金属が析出した。この析出した金属を空気中で1000℃以下に強熱すると赤色の ウ の被膜を生じた。ビーカーに入ったCの水溶液に過剰のアンモニア水を加え，さらにホルムアルデヒド水溶液を加えて加温すると，溶液と接しているビーカーの内面が銀色の金属光沢を帯びた膜で覆われた。DとEの水溶液にBの水溶液を加えると，それぞれ水に難溶な白色沈殿 エ と オ が生じた。また，Dの水溶液にEの水溶液を加えても白色沈殿が析出し，この沈殿は冷水に溶けずに熱水に溶けた。Dを還元して得られる金属は，(1)塩酸 HCl や希硫酸 H_2SO_4 に溶けにくい。一方，AとEおよびFの水溶液にCの水溶液を加えたところ，Aから淡黄色の沈殿，EとFからは白色沈殿を生じた。これら3つの沈殿はすべて光によって分解し，また カ の水溶液にはどれも錯イオンを形成してよく溶けた。Fを金属まで還元させたものに(2)水酸化ナトリウム水溶液を加えると気体を発生して溶解した。この溶液を塩酸で酸性にし，アンモニア水を加えて再びアルカリ性にすると白色沈殿を生じた。この沈殿はアンモニア水を過剰に加えても溶解しなかった。

問1 文中の　ア　と　イ　に最も適する錯イオンを下記の解答群から選べ。

〔アとイの解答群〕

1　$[Al(OH)_4]^-$　　2　$[Cu(NH_3)_4]^{2+}$　　3　$[Ag(NH_3)_2]^+$

4　$[Zn(NH_3)_4]^{2+}$　　5　$[Zn(OH)_4]^{2-}$　　6　$[Pb(OH)_4]^{2-}$

問2 文中の　ウ　に最も適する物質を下記の解答群から選べ。

〔ウの解答群〕

1　PbO_2　　2　Cu_2O　　3　Al_2O_3　　4　Ag_2O　　5　CuO

問3 文中の　エ　と　オ　に最も適する物質をそれぞれ下記の解答群から選べ。

〔エとオの解答群〕

1　$BaSO_4$　　2　$PbSO_4$　　3　$BaCO_3$　　4　Ag_2CO_3　　5　$AgCl$　　6　$PbCl_2$

問4 下線部(1)のDを還元して得られる金属が塩酸や希硫酸に溶けにくいのはなぜか。下記の解答群から最も適当な理由を選べ。

〔解答群〕

1　表面に酸に不溶な物質の緻密な膜を作るから。

2　イオン化傾向が水素より小さい金属だから。

3　酸には溶けない金属であるから。

4　表面に酸化物の被膜を作るから。

問5 文中の　カ　にあてはまる物質を下記の解答群から選べ。

〔カの解答群〕

1　アンモニア　　2　水酸化ナトリウム　　3　チオ硫酸ナトリウム

4　塩酸　　5　硫化水素

53

問6　下線部(2)で発生する気体の性質について誤っているものを下記の解答群から選べ。

1　水上置換によって集められる。
2　燃料電池の燃料となりうる。
3　還元剤になりうる。
4　単原子分子である。
5　アルカリ金属と水の反応でも同じ気体が発生する。

問7　A～Fに該当する物質を下記の解答群からそれぞれ選べ。

〔Aの解答群〕
1　$AgCl$　　2　$AgBr$　　3　$AlCl_3$　　4　$AlBr_3$　　5　$ZnCl_2$　　6　$ZnBr_2$

〔Bの解答群〕
1　$CuSO_4$　　2　$Pb(NO_3)_2$　　3　$CuCl_2$
4　$AgBr$　　5　$Cu(NO_3)_2$　　6　ZnI_2

〔Cの解答群〕
1　$AgNO_3$　　2　$Ba(NO_3)_2$　　3　$CuSO_4$
4　$Pb(NO_3)_2$　　5　$ZnCl_2$　　6　$AlCl_3$

〔D, Eの解答群〕
1　$BaCl_2$　　2　$PbCl_2$　　3　$AgCl$
4　$Ba(NO_3)_2$　　5　$Pb(NO_3)_2$　　6　$AgNO_3$

〔Fの解答群〕
1　$ZnCl_2$　　2　$AgCl$　　3　$AlCl_3$　　4　$PbCl_2$
5　$Zn(NO_3)_2$　　6　$AgNO_3$　　7　$Pb(NO_3)_2$

2009 東京大学

次の文章を読み, 【 問 】ア〜キに答えよ。必要があれば, 原子量は p.4 の値を使うこと。

あるガラスに含まれる金属元素を分析するために, 以下の実験を行った。ただし, このガラスは, Pb^{2+}, Cu^{2+}, Fe^{2+}, Na^+ を金属イオンとして含むことがわかっている。

実験 1:

①細粉化したガラス 1.0 g を白金るつぼにとり, 50 % 硫酸 8 mL と 46 % フッ化水素酸 8 mL を白金るつぼに加えた。次にケイ素をフッ化物として揮発させるため, 300 ℃ で 1 時間加熱した。白金るつぼを冷やし, 蒸留水と希硫酸を加えたところ, 白色沈殿 A を得た。沈殿をろ過した後, ろ液の全量をメスフラスコに移し, 蒸留水で 50 mL に希釈した。

実験 2:

実験 1 で調製した溶液 10 mL に塩酸 10 mL を加え, 酸性にした。②この溶液に 2.0×10^{-3} mol の硫化水素 H_2S を通じたところ, 黒色の沈殿 CuS を 2.0×10^{-6} mol 得た。沈殿をろ紙で回収した後, ろ液をビーカーに集め煮沸した。ピペットで硝酸を数滴加えた後, 十分量のアンモニア水を加えたところ, 赤褐色の沈殿を得た。沈殿はろ紙で集め, ろ液は以下の**実験 3** に使用した。

実験 3:

円筒形のカラムに, スルホ基 ($-SO_3H$) をもった十分量の陽イオン交換樹脂を詰め, カラムの上から十分量の塩酸と蒸留水を流し, カラムを洗浄した。次に, ③**実験 2** で得たろ液を十分に煮沸した。このろ液を冷却した後, カラムに流し, さらに 20 mL の蒸留水をカラムに流し, 溶出液を全て回収した (図 2−1)。この溶出液を 1.0×10^{-2} mol・L^{-1} の水酸化ナトリウム水溶液で滴定したところ, 中和するまでに 18.0 mL を要した。

問

ア 下線部①について，ガラスの主成分である二酸化ケイ素とフッ化水素との反応式を記せ。

イ 白色沈殿 A は何か。化学式で示せ。

ウ 下線部②について，硫化水素の全量が溶液に溶け込んだとする。このとき，溶液中に含まれる硫化水素の全量の濃度 $[H_2S]_{total}$ は以下の式で表される。

$$[H_2S]_{total} = [H_2S] + [HS^-] + [S^{2-}]$$

また，硫化水素は以下に示す2段階の電離平衡が成り立つ。

$H_2S \rightleftharpoons HS^- + H^+$ $\quad K_{a1} = 1.0 \times 10^{-7}\,[\mathrm{mol \cdot L^{-1}}]$

$HS^- \rightleftharpoons S^{2-} + H^+$ $\quad K_{a2} = 1.0 \times 10^{-14}\,[\mathrm{mol \cdot L^{-1}}]$

$[H_2S]_{total}$ に対する $[S^{2-}]$ の割合 $\alpha \left(= \dfrac{[S^{2-}]}{[H_2S]_{total}} \right)$ を，電離平衡定数 K_{a1}，K_{a2} および $[H^+]$ を用いて表せ。答のみ記すこと。

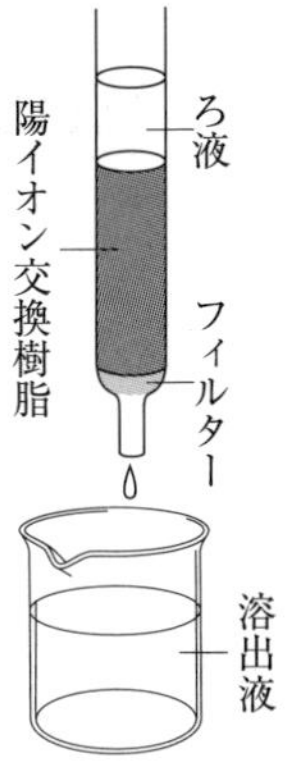

エ CuS と FeS の溶解度積（$K_{sp(CuS)}$，$K_{sp(FeS)}$）は以下の式で表される。

$$K_{sp(CuS)} = [Cu^{2+}][S^{2-}] = 4.0 \times 10^{-38}\,[\mathrm{mol^2 \cdot L^{-2}}]$$

$$K_{sp(FeS)} = [Fe^{2+}][S^{2-}] = 1.0 \times 10^{-19}\,[\mathrm{mol^2 \cdot L^{-2}}]$$

溶液の pH を 1.0 から 6.0 まで変えた時，$K_{sp(CuS)}/\alpha$ の値と $K_{sp(FeS)}/\alpha$ の値は，それぞれどのように変化するか。横軸に pH，縦軸に $\log_{10}\left(\dfrac{K_{sp}}{\alpha}\right)$ をとって，グラフを描け。答に至る過程も示せ。ただし，$\log 2 = 0.3$ とする。

オ 下線部②について，Fe^{2+} が溶液中に $4.0 \times 10^{-4}\,\mathrm{mol \cdot L^{-1}}$ 存在するとき，FeS が沈殿しない pH の範囲を求め，有効数字2桁で答えよ。答に至る過程も示せ。

カ 下線部③について，この操作を行う理由を 30 字以内で記せ。

キ ガラス 1.0 g 中に含まれるナトリウムイオンの重量 [g] を有効数字2桁で求めよ。答に至る過程も示せ。

図 2 − 1

2010 東北大学

分子式 $C_{15}H_{18}O_2$ のエステル A，B がある。下記の**実験 1** から**実験 7** を読み，**問 1** から **問 6** に答えよ。必要があれば，原子量は p.4 の値を使うこと。化合物 A から J はいずれも不斉炭素原子をもたない。構造式は次の例にならって書き，幾何異性体は区別すること。

なおアルケンの二重結合はオゾン分解により切断され，アルデヒドまたはケトンが得られる。(1) 式にその例を示す。

実験 1　エステル A に水酸化ナトリウム水溶液を加え，完全に加水分解した。この反応液にエーテルを加えて分液操作を行った。分離した水層を希塩酸で酸性にした後に，エーテルで抽出を行ったところ化合物 C および化合物 D が得られた。なお，化合物 C は分子式 $C_9H_{10}O$ であることがわかった。

実験 2　エステル B に水酸化ナトリウム水溶液を加え，完全に加水分解した。この反応液をエーテルで抽出したところ，分子式 $C_9H_{10}O$ の化合物 E が得られた。残った水層を希塩酸で酸性にした後，エーテルで抽出を行ったところ，化合物 F が得られた。

実験 3　化合物 C をオゾン分解したところ，化合物 G とアセトアルデヒドが得られた。化合物 G は容易に酸化されてサリチル酸が得られた。また，化合物 G にフェーリング液を加えて加熱すると赤色沈殿が生じた。

実験 4　化合物 D をオゾン分解したところ，アルデヒド H およびアルデヒド I

58

が得られた。アルデヒド H 29.0 mg を完全に燃焼させたところ，二酸化炭素 66.0 mg と水 27.0 mg が生成した。

実験5 化合物 E に冷暗所で臭素水を少量加えて振り混ぜたところ，臭素水の赤褐色は消失しなかった。

実験6 化合物 E を過マンガン酸カリウム水溶液を用いて穏やかに酸化したところ，ケトン J が得られた。ケトン J を過マンガン酸カリウム水溶液を用いてさらに酸化した後，酸性にするとフタル酸が得られた。なお，ケトン J はヨードホルム反応を起こさなかった。

実験7 化合物 F をオゾン分解したところ，2種類の化合物が得られた。それぞれの化合物に対しフェーリング液を加えて加熱したが，フェーリング液は還元されなかった。

問1 化合物 C の構造として可能なものはいくつあるか。また，そのうちの1つの構造式を書け。

問2 化合物 H の組成式と構造式を書け。

問3 化合物 D の構造として可能な構造式を1つ書け。

問4 化合物 C と化合物 D の等量混合物を抽出により分離する。

(1) 有機層としてエーテルを用いた場合，水層として適切な水溶液を(a)から(d)の中から1つ選べ。

  (a)　炭酸水素ナトリウム水溶液　 (b)　水酸化ナトリウム水溶液

  (c)　酢酸水溶液　 (d)　希塩酸

(2) (1)の条件で有機層に多く含まれるのは化合物 C，D のいずれであるか。記号で答えよ。

問5 化合物 E の構造式を書け。

問6 化合物 F の構造式を書け。

24 尿素の合成

2007 東京医科歯科大学

尿素はその名のとおり，尿の中から発見された。動物はタンパク質をはじめとする窒素化合物をたくさん取り入れて利用し，不要になったものは分解して排出する。窒素化合物の分解された最も単純な物質であるアンモニアは生体にとって有毒であるため，ヒトでは主に尿素に変えられ尿中に排泄される。成人では一日に約 30 g の尿素を排出している。

尿素は生体内の生理作用によって生成するものであり，実験室で人工的に合成できないものとされていた。1828 年にドイツ人の化学者ウェーラーが尿素を無機化合物から実験室で合成できることを見いだした。その発見によって，生命が作り出す物質群とされていた有機化合物は炭素原子を骨格として組み立てられている化合物と定義されるようになった。

〔実験〕尿素の合成

操作 1　シアン酸カリウム KOCN を 4.0 g と硫酸アンモニウム 3.3 g を蒸発皿にとり，蒸留水 50 mL を加えて溶解させた。

操作 2　操作 1 の溶液の一部を試験管にとり，1 % $AgNO_3$ 水溶液数滴を加えると下線白色沈殿 A が生じた。

操作 3　操作 1 の溶液の一部を試験管にとり，2 mol/L NaOH 水溶液 1 滴と 5 % $CuSO_4$ 水溶液 1 滴を加えた。

操作４　操作１の溶液を水浴上で加熱した。注意深く撹拌しながら加熱を続け，液がほとんどなくなるまで濃縮した。<u>析出した固体Ｂ</u>を三角フラスコに移して，無水エタノール 100 mL を加えて撹拌したのち，ろ過した。ろ紙上に<u>白色の結晶Ｃ</u>が得られた。

操作５　操作４のろ液を濃縮すると<u>白色の結晶Ｄ</u>が得られた。

操作６　結晶Ｄを燃焼して発生した気体成分を調べたところ，窒素と二酸化炭素の体積は同温・同圧で同じであった。

以下の問いに答えよ。

問１　文中の下線で示されたＡからＤに含まれる物質名を書け。

問２　操作３で得られた溶液の色および生じた物質名を書け。

問３　結晶Ｃと結晶Ｄが分離できる理由を，化学構造の違いから説明せよ。

問４　結晶Ｄの燃焼の反応式を書け。

問５　尿素をホルムアルデヒドと反応させて生じる化合物 $C_2H_6N_2O_2$ の構造式を例にならって書け。またこの反応は一般に何と呼ばれるか。

$$
\text{(例)}\quad CH_3 - \underset{\underset{O}{\|}}{C} - OH
$$

問６　**問５**で得られた化合物と尿素を反応させ，水１分子がとれて生じる化合物の構造式を**問５**の例にならって書け。また，一般にこの反応は何と呼ばれるか。

25 有機化合物の分離

2007 愛媛大学

4種類の芳香族化合物 A，B，C，D を含むエーテル溶液を下図に従い，分別した。以下の 問1 ～ 問5 に答えよ。必要があれば，原子量は p.4 の値を使うこと。なお，構造式は右の記入例にならって記せ。

記入例

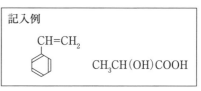

CH₃CH(OH)COOH

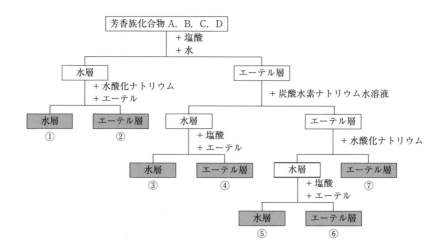

問1 化合物 A の分子量 123 であり，元素分析値は重量百分率で炭素 58.5%，水素 4.1%，窒素 11.4%，酸素 26.0% であった。化合物 A の構造式を書け。また，化合物 A は①〜⑦のどこに移行するか。

問2 化合物 B は，化合物 A をスズと塩酸とともに反応させた後に水酸化ナトリウム水溶液を加えることで得られる。化合物 B をさらし粉水溶液に加えると赤紫色を呈する。化合物 B の構造式を書け。また，化合物 B は①〜⑦のどこに移行するか。

問3 化合物 C は④に移行する。また，化合物 C とメタノールの混合物に濃硫酸を加えて加熱すると化学式 $C_8H_8O_2$ の化合物 E を得た。この反応を何と言うか。また，得られた化合物 E の構造式を書け。

問4 化合物 D は⑥に移行した。化合物 D は，塩酸に溶解した化合物 B を氷冷下で亜硝酸ナトリウム ($NaNO_2$) と反応させて化合物 F とした後，これを加水分解することによって合成できる。化合物 D の構造式と化合物 F の名称を書け。

問5 化合物 D の水酸化ナトリウム水溶液に化合物 F を加えると化合物 G が得られる。化合物 G の構造式と，この反応名を書け。

2011 大阪大学

タンパク質に関する次の文章を読み，　**問1**　～　**問5**　に答えよ。解答はすべて
解答用紙に記入すること。

　生体内において様々な働きをしているタンパク質は，アミノ酸がペプチド結合でつ
ながれてできた高分子化合物であり，その機能は立体構造に大きく依存する。タン
パク質の二次構造として知られている［　ア　］や［　イ　］では，ペプチド結合の−CO−
が別のペプチド結合の−NH−と［　ウ　］結合を形成することで規則正しい構造をつ
くっている。このうち［　ア　］では，ひとつのペプチド結合の−CO−と，そのペプチ
ド結合から4番目のペプチド結合の−NH−との間で［　ウ　］結合を形成している。タ
ンパク質の立体構造（三次構造）を決定するために重要な役割を果たしているものに
は，アミノ酸の正の電荷をもつ置換基と他のアミノ酸の負の電荷をもつ置換基の間に
働く［　エ　］結合や，アミノ酸の［　オ　］性置換基同士が水を避けるようにして集まる
［　オ　］性相互作用などもある。また，2つのシステインの置換基同士の間に形成され
る［　カ　］結合もタンパク質の三次構造を決定するために重要な役割を果たしている
が，この結合は還元剤を作用させると切断される。

　酵素(E)は主にタンパク質から構成されており，生体内で様々な反応の触媒として働
く。酵素には触媒としての作用を示す活性部位があり，ここに基質(S)を取り込んで
酵素基質複合体(ES)を形成する。ここから反応が進行して生成物(P)を与えて酵素(E)
が再生する（式(1)を参照）。酵素基質複合体(ES)の形成においても，［　ウ　］結合,
［　エ　］結合，［　オ　］性相互作用などが重要な役割を果たしている。

$$E + S \underset{k_{-1}}{\overset{k_1}{\rightleftharpoons}} ES \overset{k_2}{\longrightarrow} E + P \cdots\cdots\cdots\cdots\cdots\cdots\cdots\cdots\cdots\cdots\cdots\cdots (1)$$

酵素反応が式(1)に示したような経路で進行する場合，反応速度 V は式(2)で表すことができる。ここで，k_1, k_{-1}, k_2 は式(1)に示した各反応過程の速度定数，$[\text{E}]_\text{T}$ は反応に用いた酵素の濃度，$[\text{S}]$ は基質の濃度である。

$$V = \frac{k_2[\text{E}]_\text{T}[\text{S}]}{K_\text{m} + [\text{S}]} \quad \cdots\cdots\cdots\cdots\cdots\cdots\cdots\cdots\cdots\cdots\cdots\cdots\cdots\cdots\cdots \quad (2)$$

$$\left(\text{ただし，} K_\text{m} = \frac{k_{-1} + k_2}{k_1} \right)$$

問1 ［ ア ］～［ オ ］に当てはまる語句を答えよ。

問2 ［ カ ］の結合の名称と構造を次の例にならって記せ。また，これを還元剤と反応させて生じる官能基の名称と構造を記せ。

（〔例〕名称：エーテル　構造：$-\text{O}-$）

問3 式(2)を基にして，ある基質の酵素反応における基質濃度 $[\text{S}]$ と反応速度 V の関係を予測し，解答欄のグラフ中に実線で示せ。ただし，$[\text{S}]$ の値が K_m の値よりも十分に大きいところ（$[\text{S}] \gg K_\text{m}$）まで考え，$[\text{S}] \gg K_\text{m}$ のときの反応速度を V' とする。また，これとは別の基質を用いて同じ反応条件下で反応を行うと，前の基質の反応の場合に比べて，相対的に k_{-1} は大きくなり k_1 は小さくなった。この場合，基質の濃度 $[\text{S}]$ と反応速度 V の関係はどのように変わると考えられるか，解答欄の同じグラフ中に点線で示せ。ただし，k_2 は変化しないものとする。

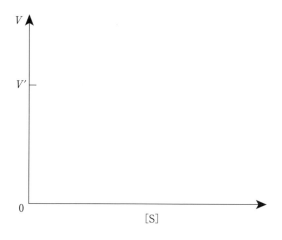

問3の解答欄

問4　水溶液中で酸 AH の電離平衡が成り立っているとし（式(3)），AH の電離
定数を K_a，その $-\log$ 値（$-\log K_a$）を pK_a とする。AH と A^- の濃度が等しくな
るときの水溶液の pH の値は AH の pK_a の値と等しくなることを証明せよ。

$$AH + H_2O \xrightleftharpoons{K_a} A^- + H_3O^+ \cdots\cdots\cdots\cdots\cdots\cdots\cdots\cdots\cdots (3)$$

問5　酵素反応の速度は，水溶液の pH によって大きく変化する。例えば，式
(3)に示した AH の電離平衡が，ある酵素の活性部位においても成り立っており，
この酵素反応において，AH から H^+ が電離して生成した A^- が触媒として働く
ものとする。この場合，pH と反応速度 V の関係はどのようになると予測される
か，解答欄のグラフ中に示せ。ただし，AH の pK_a の値を 6.0，pH10.0 における
反応速度 V を 4.0〔$\mu\mathrm{mol}/(\mathrm{L}\cdot\mathrm{min})$〕とする。また，pH の変化に伴う酵素の構
造変化や AH 以外の酸や塩基の電離度の変化は反応に影響を及ぼさないものと
し，pH 以外の反応条件は全て同じであるとする。

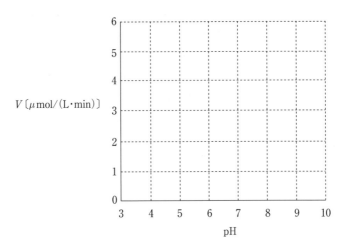

問 5 の解答欄

27 アミロース

2011 京都大学

アミロースの加水分解について，以下の**実験材料**を用いて**実験1**と**実験2**を行った。

[実験材料]
・アミロース：α-グルコースがα1,4-グリコシド結合によって結合した直鎖多糖
・α-アミラーゼ：糖鎖内部の任意のα1,4-グリコシド結合を加水分解してマルトースを生成する酵素
・β-アミラーゼ：糖鎖の非還元末端のα1,4-グリコシド結合を加水分解してマルトースを生成する酵素
・セロハン膜：分子量1000以下の物質を透過するもの
・フェーリング液

[実験1]
操作1　アミロースx〔g〕を水100 mLに加え，おだやかに熱した後，冷却した。

操作2　調製したアミロース溶液をセロハン膜に包み，27℃における浸透圧を測定した。

操作3　このアミロース溶液をα-アミラーゼ溶液50.0 mLと混合した。

操作4　この混合液を37℃で放置して，溶液中のアミロースをすべてマルトースへと変換した。

操作5　反応後の溶液を95℃で5分間熱処理した。

操作6　冷却後，溶液の凝固点降下を測定した。

[実験1の結果]
今回の実験条件下でのアミロース溶液の密度は1.028 g/cm^3，浸透圧は1500 Paであった。**操作6**の凝固点降下度は0.310 Kであった。

[実験2]

操作1 実験1の**操作1**と同じアミロース溶液を調製した。

操作2 調製したアミロース溶液に β-アミラーゼ溶液 50.0 mL を加えた。

操作3 混合後の溶液を 37 ℃で1時間放置した。

操作4 反応後の溶液を 95 ℃で5分間熱処理した。

操作5 冷却後の溶液をセロハン膜に包み，750 mL の水が入ったビーカー中に浸し，セロハン膜の外液を長時間かくはんした。

操作6 外液を 20.0 mL 取り，十分な量のフェーリング液と混ぜた後に加熱したところ，赤色沈殿が生成した。

操作7 赤色沈殿の重量を測定し，その物質量を算出した。

[実験2の結果]

生成した赤色沈殿の物質量は 1.60×10^{-4} mol であった。

以下の 問1 ～ 問6 では，次の数値ならびに条件を用いて解答せよ。

原子量は H = 1.00，C = 12.0，O = 16.0 とする。浸透圧は溶液のモル濃度と絶対温度に比例し，比例定数は 8.31×10^3 Pa・L/(K・mol) とする。また，希薄溶液の凝固点降下度は，溶質の質量モル濃度に比例し，水のモル凝固点降下は 1.86 K・kg/mol とする。添加したアミラーゼの量ならびにアミラーゼ処理による水分子の増減は凝固点降下に影響をおよぼさないものとする。

問1 **実験1**の**操作1**で溶解したアミロースの質量〔g〕を求めよ。

問2 使用したアミロースの平均分子量を求めよ。

問3 使用したアミロースの1分子中の α-グルコースの分子数（平均重合度）を求めよ。

問4 **実験1**の**操作3**を行う際，アミラーゼ溶液ではなく飽和濃度の硫酸アンモニウム水溶液を誤って用いてしまった。すると，アミロース溶液が白濁し，沈殿が生じた。次の(i)，(ii)に答えよ。

(i) この沈殿現象を何というか答えよ。

(ii) このときの硫酸アンモニウムの作用を35文字以内で記せ。

問5 実験2で生じた赤色沈殿は何か，化学式で答えよ。

問6 実験2でのβ-アミラーゼによる消化によって，1分子のアミロースに重合しているグルコースの分子数は何％減少していたか求めよ。ただし，1 molのグルコースをフェーリング液と反応させたとき，赤色沈殿は1 mol生じるとする。

28 アミノ酸

2012 九州工業大学

必要があれば，原子量は p.4 の値を使うこと。

　グリシン以外の α–アミノ酸には不斉炭素原子があるので，光学異性体が存在する。天然に存在するほとんどの α–アミノ酸は光学異性体の一方（L 型）である。代表的な α–アミノ酸の構造と名称を図 1 に示している。

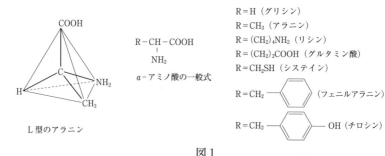

$$R = H \ （グリシン）$$
$$R = CH_3 \ （アラニン）$$
$$R = (CH_2)_4NH_2 \ （リシン）$$
$$R = (CH_2)_2COOH \ （グルタミン酸）$$
$$R = CH_2SH \ （システイン）$$

R = CH₂—〈 〉（フェニルアラニン）

R = CH₂—〈 〉—OH（チロシン）

L 型のアラニン

α–アミノ酸の一般式

図 1

　α–アミノ酸は分子内に酸性を示すカルボキシ基と塩基性を示すアミノ基をもつので，酸と塩基の両方の性質を示す。α–アミノ酸は水溶液中で以下に示した平衡関係にあり，pH の変化によりその組成が変わる。

$$A \underset{H^+}{\overset{OH^-}{\rightleftarrows}} B \underset{H^+}{\overset{OH^-}{\rightleftarrows}} C$$

　α–アミノ酸は特定の pH において B の状態で，正，負の電荷がつり合い，見かけの電荷が 0 になる。この時の pH の値を α–アミノ酸の等電点という。アラニン，リシン，グルタミン酸の等電点はそれぞれ，6.0，9.7，3.2 である。このような α–アミノ酸を用いて，**実験 1 ～ 実験 3** を行った。以下の問いに答えよ。

（実験 1） アラニンを含んだ pH 10.0 の溶液がある。この溶液を細長いろ紙の中央部にしみこませ，pH 10.0 の緩衝液で湿らせ電気泳動を行った。直流電圧を一定時間加えた後，ろ紙を乾燥させ，（　ア　）溶液を噴霧した。このろ紙をドライヤーで熱したところ，紫色のスポットが現れた。

（実験 2） アラニン，リシン，グルタミン酸を含んだ pH 6.0 の溶液がある。この溶液を細長いろ紙の中央部にしみこませ，pH 6.0 の緩衝液で湿らせ電気泳動を行っ

72

た。直流電圧を一定時間加えた後，ろ紙を乾燥させ，（ ア ）溶液を噴霧した。このろ紙をドライヤーで熱したところ，図2のように3個の紫色のスポットが現れた。

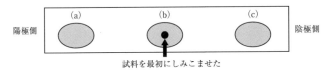

図2

(**実験3**) 図1に示すα-アミノ酸のうち3種類の異なるα-アミノ酸からなる分子量325のトリペプチドは，(A)キサントプロテイン反応に陽性を示した。また，このトリペプチドを水酸化ナトリウム水溶液中で加熱し，酢酸で中和した後，酢酸鉛（Ⅱ）水溶液を加えたところ，(B)黒色沈殿が生じた。

問1 図3の(a)～(d)は全てアラニンの光学異性体を示している。L型のアラニンは(a)～(d)のうちどれか。あてはまるものをすべて選び，記号で答えよ。

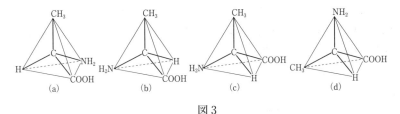

図3

問2 （ ア ）にあてはまる最も適切な試薬名を記せ。

問3 **実験1**において電気泳動後のスポットは，最初にアラニンをしみこませた点からどのように移動するか。以下の(1)～(3)の中から一つ選び，数字で答えよ。
(1) 陽極側に移動する (2) 移動しない (3) 陰極側に移動する

問4 **実験2**において，スポット(a)，(b)，(c)に対応するアミノ酸名を答えよ。

問5 下線部(A)の結果から，トリペプチドに含まれていると考えられるアミノ酸名をすべて答えよ。

問6 下線部(B)の沈殿は何か。化学式で答えよ。

問7 **実験3**における3種類のα-アミノ酸を，図1に示すアミノ酸名で答えよ。

タンパク質の定量

2012 福井大学

次の**実験 A** と**実験 B** の内容を読み，以下の **問1** ～ **問7** に答えよ。必要があれば，原子量は p.4 の値を使うこと。

実験 A

シュウ酸二水和物 $H_2C_2O_4 \cdot 2H_2O$ 4.347 g を乾いたビーカーに量り取り，少量の純水に溶解した後，この水溶液の全量を 500 mL の (a) に完全に移し，純水を加えて正確に 500 mL の均一な標準溶液とした。このシュウ酸標準溶液 10.00 mL を，三角フラスコに (b) で正確に量り取り，指示薬フェノールフタレイン溶液を数滴加えた。次に， (c) を用いて水酸化ナトリウム水溶液で滴定したところ，13.80 mL 滴下したところで微かに淡く (d) 色に変色したので終点とした。この結果から，この水酸化ナトリウム溶液のモル濃度は，正確に求められたので，これを**水酸化ナトリウム標準溶液**と呼ぶことにした。

実験 B

食品中の窒素原子 (N) の定量には，ケルダール法の原理が使われている。その目的は，食品中のタンパク質を定量することである。一般的なタンパク質には質量パーセントで 16 ％の窒素原子 (N) が含まれている。そこで，以下の操作により，牛乳に含まれるタンパク質の割合を求めることにした。

　＜操作1＞　牛乳 0.500 g を，専用の分解フラスコに正確に量り取り，濃硫酸 5 mL，硫酸カリウム・硫酸銅からなる分解促進剤 0.5 g と 30 ％過酸化水素水 1 mL を加えて，試料が炭化するまで穏やかに加熱した。さらに加熱して，溶液が緑色透明になるまで煮沸した。その後，室温まで冷まし，水 20 mL を注意深く加えて希釈した。
　（この段階で，タンパク質中の窒素原子 (N) は，全てアンモニウムイオンに変化している。）

　＜操作2＞　**操作1** の希釈した溶液に，30 ％水酸化ナトリウム水溶液 25 mL を加えてアルカリ性として，アンモニアを遊離させた。遊離してきたアンモニアを

1.00×10^{-1} mol/L 硫酸水溶液 10.00 mL 中に導き，全て吸収した。

＜操作3＞ 操作2でアンモニアを吸収させた硫酸水溶液に指示薬ブロモチモールブルー溶液を数滴加え，**実験 A の水酸化ナトリウム標準溶液**で滴定すると，18.11 mL で中和できた。

＜空試験＞ 操作1の牛乳のかわりに水 0.500 g を用いて，**操作1〜操作3**を同様に行った。

問1 実験 A の空欄(a)〜(d)にあてはまる適切な実験器具名または色を記せ。

問2 実験 A の空欄(a)〜(c)に該当する各実験器具を，念のため，使用直前に純水でよくすすいで洗った。その後，これら実験器具をどのように使うことが出来るか。次の(1)〜(5)の中からそれぞれ最も適切な方法を1つ選んで，その番号を答えよ。

(1) 純水でぬれたまま使用する。

(2) 熱風で素早く乾燥してから使用する。

(3) 使用する水溶液で器具内壁を数回すすいで，そのまま使用する。

(4) 使用する水溶液で器具内壁を数回すすいで，熱風で素早く乾燥してから使用する。

(5) 熱風で素早く乾燥してから，使用する水溶液で器具内壁を数回すすいで，そのまま使用する。

問3 実験 A で起こるシュウ酸の中和反応を化学反応式で記せ。ただし，シュウ酸は構造式を用いて記すこと。

問4 実験 A の**水酸化ナトリウム標準溶液**のモル濃度を求めよ。求める計算式も記すこと。

問5 実験 B の空試験で**水酸化ナトリウム標準溶液**は何 mL 使ったか求めよ。

問6 実験 B の**操作2**で，硫酸水溶液に吸収されたアンモニアの体積は，標準状態で何 L になるか求めよ。求める計算式も記すこと。
（ただし，アンモニアは理想気体の状態方程式に従うものとする。）

問7 実験 B で使った牛乳中に含まれるタンパク質の質量パーセント〔%〕を求めよ。求める計算式も記すこと。

30 イオン交換樹脂

次の陰イオン交換樹脂に関する文章を読み，以下の問いに答えよ。

イオン交換樹脂は，水溶液中にあるイオンを，樹脂にイオン結合したイオンと取り替えるはたらきをもつ。図に示した陰イオン交換樹脂は，陰イオンとイオン結合できる置換基をもつ，高度に重合したポリスチレン誘導体である。水酸化物イオンがイオン結合しているこの陰イオン交換樹脂をつめて陰イオン交換カラムを作り，以下の実験を行った。

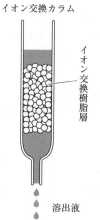

イオン交換カラム

イオン交換樹脂層

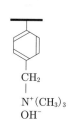

陰イオン交換樹脂
（上部の太線はポリスチレンの重合部を表す）

溶出液

〔実験 1〕

操作 1　まず，カラムに①フェノール水溶液を通し，次に蒸留水を通して水洗し，②酢酸水溶液を通した。

操作 2　まず，カラムに③酢酸水溶液を通し，次に蒸留水を通して水洗し，最後に④フェノール水溶液を通した。

〔実験 2〕

　微量のエタノールが混在した⑤濃度不明のシュウ酸ナトリウム (COONa)₂ 水溶液の シュウ酸イオン濃度を調べた。以下の陰イオン交換樹脂を用いた操作は，混在するエ タノールを除去するために必要である。この場合，陰イオン交換樹脂を十分量つめた カラムを用いた。

　まず，シュウ酸ナトリウム水溶液 5.0 mL をカラムに通した。次に蒸留水を通して ビーカー A に集めた。その後，十分量の硫酸ナトリウム水溶液を通し，続いて蒸留 水を十分量通し，両方の操作で出てくるシュウ酸イオンを含む溶出液をビーカー B に集めた。ビーカー B の溶液を硫酸で酸性にした後，⑥0.010 mol/L の過マンガン酸 カリウム水溶液を用いて滴定したところ，過マンガン酸カリウム水溶液 20 mL が必 要であった。

問 1　　下線部①と③によって陰イオン交換カラム内部で生じるそれぞれの変化 を反応式で表せ。ただしイオン交換前の樹脂は $R - N^+ (CH_3) OH^-$ として記せ。

問 2　　下線部②と④のうちイオン交換反応が起こりにくいのはどちらか，番号 で答えよ。また，その理由を 40 字以内で述べよ。

問 3　　下線部⑤のシュウ酸イオン濃度を，有効数字 2 桁で求めよ。答えだけで なく，求める過程および反応式も記せ。

問 4　　下線部⑥では，何をもって滴定終了点とするか 30 字以内で述べよ。

タンパク質の精製

2008 京都大学

　アミノ酸は水溶液中で双性イオンになる。アミノ酸分子中の正負の電荷がつりあい，正味の電荷が0になるときの水溶液の pH を，アミノ酸の「等電点」という。タンパク質にもアミノ酸同様，等電点があり，タンパク質のアミノ酸の組成によって等電点は様々な値をとる。等電点の違いを利用して複数のタンパク質の混合水溶液から，目的のタンパク質を精製することができる。

　2種類のタンパク質 A，B の混合水溶液がある。タンパク質 A の等電点は5.0であることがわかっている。まず，このタンパク質混合水溶液の入ったビーカーに高い濃度の硫酸アンモニウム水溶液を十分量加えて，塩析によりタンパク質 A と B を沈殿させた。この沈殿をろ過により集め，少量の蒸留水で完全に溶かし，濃縮液を得た。なお，この濃縮液中には硫酸アンモニウムが残存していた。

　①濃縮液の一部を半透膜であるセロハン袋に入れ，液が漏れないように口を縛った。これを pH7.0 の緩衝液の入ったビーカーに入れ，一定時間ごとに数回ビーカーの緩衝液を交換した。その後，セロハンの袋からタンパク質水溶液を回収した。このような操作を「透析」という。残りの濃縮液は，pH3.0 の緩衝液を用いて同様の操作で透析を行った。

　ある樹脂は，正味の電荷が負のタンパク質とは結合するが，正味の電荷が正のタンパク質とは結合しないという性質を持つ。この樹脂の粉末を図1のように，注射器の筒に充填した。このとき，樹脂の粉末が漏れないように注射器の筒の底にろ紙を敷いた。次に，pH7.0 の緩衝液で透析したタンパク質水溶液を図2のように注射器の筒に入れると，タンパク質 A，B のうち一種類は樹脂と結合したが，もう一種類は結合せずに樹脂を取り抜けた。また，②同じ樹脂をつめた別の注射器の筒を用意し，pH3.0 の緩衝液で透析したタンパク質水溶液を注射器の筒に入れる実験を行った。

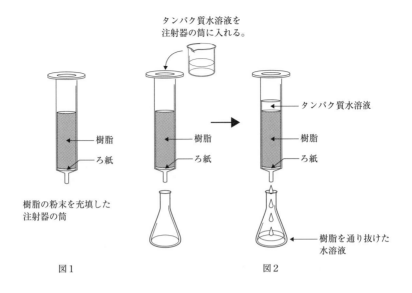

タンパク質水溶液を
注射器の筒に入れる。

樹脂 ← 樹脂
ろ紙 ← ろ紙

← タンパク質水溶液

樹脂 ← 樹脂
ろ紙 ← ろ紙

樹脂の粉末を充填した
注射器の筒

← 樹脂を通り抜けた
水溶液

図1   図2

問1 　下線部①の透析操作を行った結果，セロハン袋中の濃縮液はどのように
変化したか，半透膜の役割も含めて簡潔に記せ。

問2 　下線部②の実験結果として最も可能性の高いものを以下の㋐～㋑から選
び，その記号を記せ。また，その理由を簡潔に記せ。ただし，緩衝液中のイオン
と樹脂の相互作用は，タンパク質と樹脂との結合には影響しないものとする。ま
た，pH3.0でタンパク質A，Bはどちらも変性せず，樹脂の性質も変化しなかっ
たとする。

㋐　タンパク質Aは樹脂と結合し，タンパク質Bは樹脂を通り抜けた。
㋑　タンパク質Aは樹脂を通り抜け，タンパク質Bは樹脂と結合した。
㋒　タンパク質A，Bともに樹脂と結合した。
㋓　タンパク質A，Bともに樹脂を通り抜けた。

思考力が身につく化学実験問題31

著　　　者	樫田　豪利
発　行　者	山﨑　良子
印刷・製本	株式会社ワコープラネット
発　行　所	駿台文庫株式会社

〒 101 - 0062　東京都千代田区神田駿河台 1 - 7 - 4
小畑ビル内
TEL. 編集　03(5259)3302
販売　03(5259)3301
《① － 212pp.》

駿台文庫 Web サイト
https://www.sundaibunko.jp

思考力が身につく 化学実験問題31

解答・解説編

駿台文庫

目　　次

1 気体の成分分析 ━━━━━━━━━━━━━━━━ ● 解答解説

問1. ア (b)　　イ (e)

 (a)～(e)の物質と常温で反応する，もしくは(a)～(e)の物質に吸着される気体は次のようになる。

> ガラス管③で加熱したCuはO₂と反応し，CuOとなる

	N_2	O_2	CO_2	H_2O	Ar
(a)	×	×	△	×	わずかに吸着
(b)	×	×	×	○	CaCl₂は吸湿剤
(c)	×	×	×	×	×
(d)	×	×	×	×	×
(e)	×	×	○	○	×

> わずかに吸着
> CaCl₂は吸湿剤
> Ca(OH)₂が主成分で，NaOHなども含まれるため，吸湿剤のはたらきをするとともにCO₂と反応する。

　　よって，(b)，(e)を用いると H_2O や CO_2 が取り除かれるが，この2つを分けて取り除くためには，(b)→(e)の順でなければならない。

問2. 混合気体を先にソーダ石灰に通すと，二酸化炭素と水蒸気がどちらも吸収され，この二つの物質の質量を分けて計れなくなるため。（59字）

 「混合気体を先にソーダ石灰に通す」　　15字　　どんな条件下で
　「二酸化炭素と水蒸気がどちらも吸収される」　19字　　何が起こるか
　「二つの物質の質量を分けて計れない」　　16字（＋　どう不都合か
　この3つの文をまとめて一つの文とする。　50字

問3. O_2

 加熱したCuは空気中の O_2 と次のように反応する。
$$2Cu + O_2 \longrightarrow 2CuO$$
よって，ガラス管③では O_2 が吸収される。

問4. 注射器 B: Ar　　注射器 C: N_2

　　Ar と N_2 は無極性分子であり，その分子量は
それぞれ 40，28 である。よって，沸点(b.p)は

$$Ar > N_2$$

となり，液化した気体は Ar である。一方，<u>空気の
組成</u>では，N_2 は物質量で約 $\frac{4}{5}$ を占める。よって，

体積比で約 $\frac{4}{5}$ が N_2 であることから，注射器 C の

中の気体は N_2 である。

> 無極性分子の沸点は，
> 大雑把にみて，
> 分子量が大きいと
> 高くなる傾向がある

> 空気の組成は，
> 約 $\frac{4}{5}$ が N_2
> 約 $\frac{1}{5}$ が O_2
> Ar, CO_2, H_2O は
> わずかに含まれる

空気に含まれていた H_2O の物質量
　（ガラス管①の質量増加分）

$$\frac{28\,\text{mg}}{18\,\text{g/mol}} = 1.55\cdots\,\text{mmol}$$

空気に含まれていた CO_2 の物質量
　（ガラス管②の質量増加分）

$$\frac{3.8\,\text{mg}}{44\,\text{g/mol}} = 8.63\cdots \times 10^{-2}\,\text{mmol}$$

空気に含まれていた O_2 の物質量（ガラス管③の質量増加分）

$$\frac{1.4\,\text{g}}{32\,\text{g/mol}} = 43.8\,\text{mmol}$$

> $\dfrac{28\,\text{mg}}{18\,\text{g/mol}} = \dfrac{28}{18}\,\text{mmol}$
> $\rightarrow \dfrac{28}{18} \times 10^{-3}\,\text{mol}$
> m (ミリ)は $\times 10^{-3}$ を表す

　資料によれば，乾燥空気の組成は，
　　N_2：78 %，O_2：21 %，Ar：0.9 %
であるが，注射器 B 内で固体になった Ar の体積が室温で注射器 A の空
気の体積に対して何%になるかの値が示されていないため，注射器 A で
補集した気体の組成は求められない。

> H 以外の原子には・がまわりに
> 8 個なければならない

問5. 窒素　:N⋮⋮N:　　二酸化炭素　Ö::C::Ö:

　　水　H:Ö:H　　アルゴン　:Är:

> 非共有電子対を
> 忘れないように

3

2　分子の存在 ──────────── ● 解答解説

問1. (a) 質量保存の法則　(b) 定比例の法則

(c) 気体反応の法則

> (a), (b)は
> 質量の視点から見た法則,
> (c)は体積の視点から見た法則

問2. 質量保存の法則より，反応した水素と酸素の質量の和は生じた水の質量
に等しい。したがって，反応した水素，酸素，生成した水のうち，2つが
わかれば残り1つの値が求められる。

> 具体的に操作を考えてみる

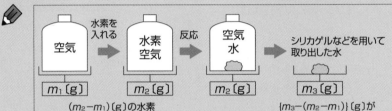

$(m_2 - m_1)$〔g〕の水素　　　$\{m_3 - (m_2 - m_1)\}$〔g〕が
反応した酸素の質量

問3. 塩化水素分子1個に含まれる水素原子の質量が水素分子1個の質量の
何倍かを求める。水素分子1個の質量を m〔g〕
とすると塩化水素分子1個の質量は $18.23m$
〔g〕となる。

> 密度の比は
> 同じ体積で比べた
> 質量の比になるので,
> アボガドロの仮説(2)より,
> 分子1個の質量比となる

よって，塩化水素分子1個に含まれる水素原
子の質量は

$$18.23m \text{〔g〕} \times \frac{2.74}{100} = 0.4995m \text{〔g〕}$$

$$\fallingdotseq 0.5m \text{〔g〕}$$

と求められる。

> 3つの化合物のうち,
> 1つについて
> 詳細に説明することで,
> 他の化合物については
> 説明が省ける

同様にして，硫化水素 1 分子に含まれる水素原子の質量は

$$17.12m \text{〔g〕} \times \frac{5.87}{100} \fallingdotseq 1.0m \text{〔g〕}$$

塩化水素と同じ展開なので，説明は省略してよい

となり，アンモニア 1 分子に含まれる水素原子の質量は，

$$8.560m \text{〔g〕} \times \frac{17.60}{100} \fallingdotseq 1.5m \text{〔g〕}$$

となる。

　ここで塩化水素，硫化水素，アンモニアのそれぞれ分子 1 個に含まれる水素原子の質量を比較すると，水素分子の質量の $\frac{1}{2}$ である $0.5m$〔g〕ずつ増えていることがわかる。ドルトンの原子説より，この $0.5m$〔g〕が水素原子の質量と考えられる。

　よって，水素分子は水素原子 2 個からなっている。

根拠となる原理，法則を明示する

問4. 35.5

　同温，同圧のもとで測定した塩素ガスの密度を水素ガスの密度で割った値 (D) を x とする。

（反応）　塩素ガス　＋　水素ガス　――→　塩化水素ガス

体積比	1	:	1	:	2
D	x	:	1	:	18.23

　ここで，塩素原子を●，水素原子を○で表わすと，塩素分子は●●，水素分子は○○，塩化水素分子は○●となり，反応を表す式は，アボガドロの仮説より，体積比から次のように表される。

$$●● + ○○ \longrightarrow \begin{array}{c} ○● \\ ○● \end{array}$$

　また，分子の質量比が ●● : ○○ : ○● ＝ x : 1 : 18.23 であることより，

$$●:○:○● = \frac{1}{2}x : \frac{1}{2} : 18.23$$
$$= x : 1 : 36.46$$

　一方，● : ○ : ○● ＝ x : 1 : $(x + 1)$ となることより，

$$●:○ = 35.46 : 1$$

が得られる。

3 化学反応の量の関係 1 ────────── ● 解答解説

問1. $CaCO_3 + 2HCl \longrightarrow CaCl_2 + CO_2 + H_2O$

弱酸の塩＋強酸 ──→ 強酸の塩＋弱酸
 　　　　　　 HCl 　　　　　　　　　　　 H_2CO_3 (──→ $H_2O + CO_2$)

> 酸の強さ 　　　　 HCl, H_2SO_4 > CH_3COOH > H_2CO_3 > 〔OH〕
> （電離定数の大きさ）　 HNO_3 　　　　　　　　　 (CO_2)
> ・希硝酸，濃硝酸は酸化剤でもあるので注意
> ・HCl は気体になりやすいが，H_2SO_4 は気体になりにくい

問2. (1) $CO_2 + Ca(OH)_2 \longrightarrow CaCO_3\downarrow + H_2O$

(2) 沈殿している $CaCO_3$ が $Ca(HCO_3)_2$ となって溶解する<u>ため</u>。

```
            7
pH 小 ┌──────┼──────┐ 大
      H₂CO₃   HCO₃⁻   CO₃²⁻
```

> 理由を問われているので
> 「〜であるから」とか
> 「〜であるため」などと答える

・石灰水は強塩基の水溶液で pH が大きいため，CO_2 はすべて CO_3^{2-} と
なり，Ca^{2+} と不溶性の塩を作る。

・CO_2 を加えていくと pH が小さくなっていく。
（酸である H_2CO_3 を加えていることになるため）
そのため，$CO_3^{2-} + H^+ \longrightarrow HCO_3^-$ の変化が生じる。
（$CaCO_3 + H^+ \longrightarrow Ca^{2+} + HCO_3^-$）

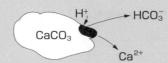

(参考) 炭酸塩の水溶液に塩酸を加える

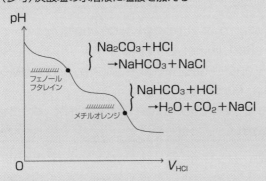

$Na_2CO_3 + HCl$
$\rightarrow NaHCO_3 + NaCl$

$NaHCO_3 + HCl$
$\rightarrow H_2O + CO_2 + NaCl$

問3. ②

水上置換では水蒸気が混入する

気体の捕集方法	水上置換	下方置換	上方置換
置き換えるもの	<u>水</u>	空気	空気
水との反応	しない	してもよい	してもよい
空気の密度と比較	関係ない	大きい	小さい

空気の平均分子量 28.8 と比較

塩素 (黄緑色気体) の性質

・水に溶ける　$Cl_2 + H_2O \longrightarrow HCl + HClO$
　　　　　　　　　　　　　　塩化水素　次亜塩素酸

・分子量 71

よって，捕集には下方置換が適している。

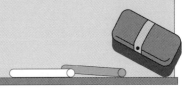

問4. 1.0 mol/L

① 塩酸の体積 v_{HCl} が 60.0 mL 以上で発生した CO_2 の質量 m_{CO_2} が一定
→60.0 mL では $CaCO_3$ は反応しきっている。

② 反応式 $CaCO_3 + 2HCl → CaCl_2 + H_2O + CO_2$ より, $CaCO_3$ が残っ
ていれば v_{HCl} と m_{CO_2} は比例する。

よって, 60 mL でちょうど反応したならば発生する CO_2 は 1.3 g
とならなければならない。

$$\frac{0.88\,g}{40.0\,mL} \times 60.0\,mL = 1.32\,g$$

化学反応式の係数より,
HCl の物質量の $\frac{1}{2}$ 倍が CO_2 の物質量

①, ②より, $v_{HCl} = 40.0$ mL で考える。反応式より, 反応する
HCl の物質量と CO_2 の物質量は 2：1 となる。

よって, 塩酸の濃度を C〔mol/L〕とすると

$$C \times \frac{40.0}{10^3} : \frac{0.88}{44.0} = 2 : 1$$

$$C = 1.00\,mol/L$$

問5. 83%

 $CaCO_3 + 2HCl \longrightarrow CaCl_2 + H_2O + CO_2$
$\qquad$ 1 $\qquad\qquad\qquad$: $\qquad\qquad$ 1

$CaCO_3$ の物質量 ＝ 発生した CO_2 の物質量
$\qquad$ ⇧

1.10 g の CO_2（塩酸を十分量加えたときの発生量）の物質量

$$\frac{1.10\ g}{44.0\ g/mol} = 0.025 mol$$

> 炭酸カルシウムと
> ちょうど反応する量よりも
> 多く塩酸を加えているため，
> CO_2 の発生量は一定となる

$\qquad\qquad\qquad$ $CaCO_3$ のモル質量
0.025 mol × 100 g/mol ＝ 2.5 g の $CaCO_3$ が反応した。

> 質量パーセントなので，
> $CaCO_3$ の質量を求める。
> 2 桁の答えが求められているので，
> 3 桁で計算

$$よって，\ \frac{2.5\ g}{3.0\ g} \times 100 = 83.3\cdots\%$$

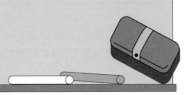

4 化学反応の量の関係 2 ─────── ● 解答解説

問1. $NaHCO_3 + HCl \longrightarrow NaCl + H_2O + CO_2$

弱酸の塩 + 強酸 ⇒ 強酸の塩 + 弱酸
H_2CO_3　　HCl　　HCl　　　　H_2CO_3 $(\longrightarrow H_2O + CO_2)$

> 酸の強弱　$HCl,\ H_2SO_4 > CH_3COOH > H_2CO_3 >$
> 　　　　　(HNO_3)　　　　　　　　(CO_2) —OH
> 注)硝酸は酸化剤としても働く

問2. $m=0$ から点 C($m=2.0$ 付近)までは,加えた炭酸水素ナトリウム $NaHCO_3$ が塩酸 HCl と反応し,二酸化炭素 CO_2 が発生するため,Z の値は,(m_0+m) から発生した CO_2 の質量〔g〕を引いた値となる。
一方,点 C から $m=4.0$ までは HCl が残っていないため,加えた炭酸水素ナトリウムの質量分だけ混合溶液の質量が増加している。

　　点 C:中和点($NaHCO_3$ と HCl の中和反応)

> $B + HA \longrightarrow HB^+ + A^-$ となるとき,
> B は H^+ を受け取っているので塩基,
> HA は H^+ を与えているので酸という。
> 酸から塩基に H^+ が受け渡される反応が中和反応

問3. 2.10 g

交点 C の m の値が求める値である。
よって,直線 A と直線 B の交点の座標を求めればよい。

$$\begin{cases} Y=0.472m \\ Y=m-1.11 \end{cases}$$

これを解いて,$m=2.102\cdots,\ Y=0.9922\cdots$

問4. 0.025 mol

反応式 $NaHCO_3 + HCl \longrightarrow NaCl + H_2O + CO_2$ より,$NaHCO_3$ と HCl が過不足なく反応するときの物質量の比は 1:1 となる。

よって，中和したところ（C 点）での $NaHCO_3$ の物質量の値は，初めに量り取った塩酸に含まれていた HCl の物質量の値と等しくなる。

$$\therefore \quad \frac{2.10\,\text{g}}{84.0\,\text{g/mol}} = 0.0250\,\text{(mol)}$$

問5. 0.50 mol/L

　　問4より，初めに量り取った塩酸 50.0 mL 中に HCl が 0.0250 mol 含まれている。

　　よって，HCl の濃度は，$\dfrac{0.0250\,\text{mol}}{50.0\,\text{mL}} \times 10^3\,\text{mL/L} = 0.500\,\text{mol/L}$

問6. $M = 0.528m$

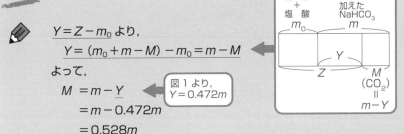

$Y = Z - m_0$ より，

$\underline{Y = (m_0 + m - M) - m_0 = m - M}$

よって，

$M = m - \underline{Y}$

　　図1より，$Y = 0.472m$

$= m - 0.472m$

$= 0.528m$

問7. 44.4

　　反応式より，反応した $NaHCO_3$ と発生した CO_2 の物質量の値は等しくなる。

　　よって，1 mol の $NaHCO_3$ から発生する CO_2 の質量〔g〕を求めれば，CO_2 1 mol の質量となり，その値は CO_2 の分子量の値に等しい。

$\therefore$　$NaHCO_3$　1 mol（84.0 g）のとき，

$M = 0.528 \times 84.0\,\text{g}$

$= 44.352\,\text{g}$
　　4

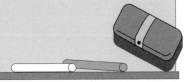

問1. 2.4 kJ

 　次のように補助線を引いて，反応によって一瞬のうちに温度が<u>上昇した</u><u>と仮定したとき</u>の上昇温度を求める。

> 反応は一瞬のうちに終了するのではなく，有限な時間がかかる
> （反応速度は無限大ではないから）。また，熱の拡散にも有限の時間が必要

> ほぼ一定の下がり方をしているところは反応が終了し，
> 放熱だけが生じていると考えてよいので，反応時刻 0 に外挿する

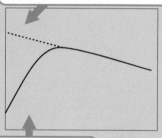

> 反応による熱が生じながら
> 放熱も生じている

> 計算は単位を意識すること

　この温度が 31 ℃であることから，発生した熱量は

$$4.2 \ \text{J/(g·℃)} \times (50 \ \text{cm}^3 \times 1.0 \ \text{g/cm}^3 + 2.0 \ \text{g}) \times (31 \ ℃ - 20 \ ℃)$$
$$= 2.4 \times 10^3 \ \text{J}$$

> 溶液全体の質量（溶媒＋溶質）

問 2. $HClaq + NaOHaq = NaClaq + H_2O + 58 \text{ kJ}$

反応式　$HCl + NaOH \longrightarrow NaCl + H_2O$

反応した物質量　$NaOH \quad \dfrac{2.0 \text{ g}}{40 \text{ g/mol}} = 0.050 \text{ mol}$

> 中和の実験の問題では
> 物質量を確認する

$HCl \quad 1.0 \text{ mol/L} \times \dfrac{75 \text{ mL}}{10^3 \text{ mL/L}} = 0.075 \text{ mol}$

よって，0.050 mol の HCl と NaOH が反応し，水が 0.050 mol 生じた。

発熱量は，水酸化ナトリウム水溶液が 52 g，塩酸が 75 g であることより，

$4.2 \text{ J/(g·℃)} \times (52 \text{ g} + 75 \text{ g}) \times 5.4\text{℃} \doteqdot 2.88 \times 10^3 \text{ J}$

よって，中和熱は，$\dfrac{2.88 \times 10^3 \text{ J}}{0.050 \text{ mol}} = 5.76 \times 10^4 \text{ J/mol}$

> 中和熱の定義は，中和によって水が 1 mol 生じるときの反応熱

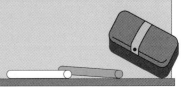

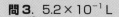

問**3**. 5.2×10^{-1} L

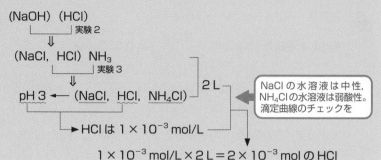

(NaOH)　(HCl)
└─────┬─────┘ 実験2
　　　⇓
(NaCl, HCl)　NH$_3$
└───┬───┘ 実験3
　　⇓
pH 3 ←── (NaCl, HCl, NH$_4$Cl)
　　└──────→ HCl は 1×10^{-3} mol/L

1×10^{-3} mol/L × 2 L = 2×10^{-3} mol の HCl

> NaCl の水溶液は中性,
> NH$_4$Clの水溶液は弱酸性。
> 滴定曲線のチェックを

加えた NH$_3$ を x〔mol〕とすると,

0.075 mol − 0.050 mol − x〔mol〕= 2×10^{-3} mol

x = 0.023

- 実験2のHCl
- 実験1のNaOH

よって，アンモニアの体積は,

0.023 mol × 22.4 L/mol = 0.5152 L

> (水酸化ナトリウム＋酢酸ナトリウム)
> ⇒水酸化ナトリウムの濃度で
> (塩化水素＋塩化ナトリウム)
> ⇒塩化水素の濃度で
> } pH の値が決まる

pH 3 のとき，[H$^+$] = 1×10^{-3} より [OH$^-$] = 1×10^{-11}

また，NH$_3$ + H$_2$O ⇄ NH$_4^+$ + OH$^-$, K_b = 1.7×10^{-5} より

$$\frac{[\text{NH}_4^+][\text{OH}^-]}{[\text{NH}_3]} = \frac{[\text{NH}_4^+]}{[\text{NH}_3]} \times (1 \times 10^{-11}) = 1.7 \times 10^{-5}$$ となり，

$$\frac{[\text{NH}_4^+]}{[\text{NH}_3]} = 1.7 \times 10^6$$ が得られる。

従って，[NH$_4^+$] ≫ [NH$_3$] となり，pH 3 の条件では NH$_4^+$ の電離は無視してよい。

問 4. 18 kJ

〔実験 2〕⇒ 強酸と強塩基の中和熱の値

$\underline{57.6\ kJ/mol}$

> 弱酸，弱塩基では中和にともなって電離（吸熱反応）が進むため，この値よりも小さくなる

〔実験 4〕⇒ 硫酸の希釈による反応熱

硫酸の質量　18 mol/L 硫酸 10 mL（= 10 cm^3）

$10\ cm^3 × 1.8\ g/cm^3 = 18\ g$

反応熱　$4.2\ J/(g·℃) × (18\ g + 100\ g) × 25\ ℃$

$= 1.239 × 10^4\ J$

$= 12.39\ kJ$

> （硫酸の質量 + 水の質量）

* 18 mol/L H_2SO_4 10 mL + 1.0 mol/L NaOH 100 mL

⇓ $\underline{Q_1}$〔kJ〕 ← 硫酸の希釈

0.18 mol H_2SO_4，0.10 mol NaOH

|———————————————|110 mL

⇓ $\underline{Q_2}$〔kJ〕 ← 中和

0.13 mol H_2SO_4，0.05 mol Na_2SO_4

|————————————

（0.10 mol の $\underline{H_2O}$ が生成）

> $H_2SO_4 + 2NaOH \longrightarrow Na_2SO_4 + 2H_2O$

Q_1 の値は，実験 4 で求めた値　12.39 kJ

Q_2 の値は，実験 2 の結果を用いて，

0.10 mol × 57.6 kJ/mol = 5.76 kJ

よって，求める値　$Q_1 + Q_2$ = 12.39 kJ + 5.76 kJ

$= 18.15\ kJ$

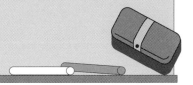

6 中和滴定 1 ——————————————————— ● 解答解説

問1. ア (d) メスフラスコ　　イ (b) ホールピペット
　　　ウ (a) ビュレット

器具の表示は,
・入っている体積　　　・取り出した体積
　メスフラスコ　　　　ホールピペット
　メスシリンダー　　　ビュレット

問2. 5.00×10^{-2} mol/L

シュウ酸二水和物($(COOH)_2 \cdot 2H_2O$)のモル質量 126 g/mol

よって, 6.30 g は $\dfrac{6.30\,\text{g}}{126\,\text{g/mol}} = 0.0500$ mol となる。

<u>これを水に溶かし, メスフラスコ
で水を加えて正確に 1 L としてい
る</u>ので, この中に 0.0500 mol の
$H_2C_2O_4$ が含まれている。

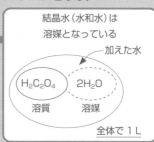

結晶水(水和水)は
溶媒となっている
加えた水
$H_2C_2O_4$　$2H_2O$
溶質　　　溶媒
全体で 1 L

問3. 9.70×10^{-2} mol/L

水酸化ナトリウム水溶液の濃度を C_b
〔mol/L〕とすると, <u>中和の量の関係より</u>,

酸の供給する H^+ の物質量
＝塩基の受けとる H^+ の物質量

$$5.00 \times 10^{-2}\,\text{mol/L} \times \frac{10.0\,\text{mL}}{10^3\,\text{mL/L}} \times 2 = C_b\,\text{(mol/L)} \times \frac{10.31\,\text{mL}}{10^3\,\text{mL/L}} \times 1$$

が成り立ち, これを解いて $C_b = 0.096993\cdots$ が得られる。

酸・塩基の物質量×価数＝授受する H^+ の物質量

ミリモル（mmol）を単位として数えるなら，

5.00×10^{-2} mol/L $\times 10.0$ mL $= 5.00 \times 10^{-1}$ mmol

となる。

> m（ミリ）は「$\times 10^{-3}$」の代わりの表現と考える

問4. 4.86 %

食酢中の酢酸の濃度を C_a〔mol/L〕とすると，薄めた食酢溶液中の酢酸の濃度は $\dfrac{1}{10} C_a$〔mol/L〕となる。

よって，中和の量の関係から，

$$\left(\frac{1}{10} C_a \text{〔mol/L〕}\right) \times \frac{10.0 \text{ mL}}{10^3 \text{ mL/L}} \times 1 = 0.0970 \text{ mol/L} \times \frac{8.35 \text{ mL}}{10^3 \text{ mL/L}} \times 1$$

が成り立ち，これを解いて $C_a = 0.810$ が得られる。

食酢の密度が 1.00 g/cm³ であることより，食酢 ◀ 1 cm³ は 1 mL とする

1 L は 1000 g となり，この中に 0.810 mol の酢酸が含まれる。

酢酸のモル質量は 60.0 g/mol であることより，食酢中の酢酸の質量パーセントの値は

$$\frac{0.810 \text{ mol} \times 60.0 \text{ g/mol}}{1000 \text{ g}} \times 100 = 4.86$$

となる。

別解として，水酸化ナトリウム水溶液の濃度を C_b〔mol/L〕のまま解くこともできる（以下，単位は省略する）。

$$\begin{cases} 5.00 \times 10^{-2} \times \dfrac{10.0}{10^3} \times 2 = C_b \times \dfrac{10.31}{10^3} \times 1 & \text{①} \\[3mm] \dfrac{1}{10} C_a \times \dfrac{10.0}{10^3} \times 1 = C_b \times \dfrac{8.35}{10^3} \times 1 & \text{②} \end{cases}$$

$\dfrac{②}{①}$ より $\dfrac{C_a}{10 \times 5.00 \times 10^{-2} \times 2} = \dfrac{8.35}{10.31}$ となり，C_a

が求まる。

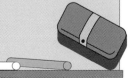

問5. 中和点では酢酸ナトリウムという弱酸と強塩基の塩の水溶液となり，その水溶液は弱塩基性を示すため。（47字）

 キーワード：中和，塩，弱塩基性
  ⇒ 中和してできる塩の水溶液は弱塩基性となる。 （21字）
  ⇒ 中和点では弱酸と強塩基の塩の水溶液となるため，弱塩基性となる。
 （31字）
  ⇒ 中和点では酢酸ナトリウムという弱酸と… （41字）
  ⇒ 中和点では…弱塩基性を示すため。 （44字）

> 解答に入れなければならないキーワードを決め，
> 最も短い文を作り，必要な字数まで説明を追加していく

 酢酸の電離定数の値は25℃において 2.7×10^{-5} である。いま，酢酸を HA，酢酸イオンを A^- で表すと，

$$\frac{[A^-][H^+]}{[HA]} = 2.7 \times 10^{-5} \, mol/L \qquad\qquad ①$$

と表される。

ここで，pH5 の状態を考える。メチルオレンジの呈色は橙黄色であり，フェノールフタレインは無色を示す。このときの $[H^+] = 1 \times 10^{-5} \, mol/L$ を①式に入れると，$\frac{[A^-]}{[HA]} = 2.7$ となり，溶液中には HA と A^- が物質量で 1：2.7 の割合で存在する。

よって，メチルオレンジを用いた場合，変色域を通過しても中和されていない酢酸分子が残っている。

問6. 強塩基である水酸化ナトリウムの固体は潮解性が強く，二酸化炭素や水分を吸収して重くなり，その質量を正確に量り取れないため。(60字)

キーワード：潮解性

① 水酸化ナトリウムは潮解性が強いため。　　　　　　　　　(18字)

② 水酸化ナトリウムの固体は潮解性が強く，空気中の水分を吸収して重くなるため。　　　　　　　　　　　　　　　　　(37字)

③ 水酸化…重くなり，質量を正確に量り取れないため。　　(50字)

④ 強塩基である水酸化ナトリウムの固体は潮解性が強く，空気中の二酸化炭素や水分を吸収し重くなり，質量を正確に量り取れないため。

(61字)

長期間保管していたために CO_2 をたくさん吸収した $NaOH$ の水溶液を用いて，強酸 HA を滴定する場合を考えてみよう。

酸の水溶液に塩基の水溶液を加えても，その逆でも，物質の散逸がなければ同じ状態になると考えてよい。よって，次の三つを考える。

① 酸に塩基を加え，P.P. が赤くなったとき。

② P.P. の赤が無色，もしくは，M.O. の赤が黄となったとき。

③ 塩基に酸を加えて，M.O. が赤くなったとき。

酸と塩基	状　態
塩酸と $NaOH$	… ３つとも $NaCl$ が生じて中和している。
$H_2C_2O_4$ と $NaOH$	… ①の場合だけ正塩となっている。
塩酸と Na_2CO_3	… ① Na_2CO_3 が多く残る。
	② Na_2CO_3 は $NaHCO_3$ となる。
	③ Na_2CO_3 は H_2O と CO_2 となる。

従って，CO_2 を吸収した $NaOH$ 水溶液をメチルオレンジを用いて酸で滴定すると，指示薬が変色したときは $NaCl$ の溶液に CO_2 をとかしたときと同じ溶液となるため，$NaOH$ に吸収されていた CO_2 は考えなくてもよいが，フェノールフタレインを用いたときは $NaHCO_3$ が生じるため無視できない。

7 中和滴定 2

問1. $2NaHCO_3 \longrightarrow Na_2CO_3 + H_2O + CO_2$

 炭酸水素塩は熱分解して，炭酸塩となる。

・アンモニアソーダ法の最終段階
・Na_2CO_3 は熱分解しにくいが，$CaCO_3$ は熱分解する。
$$CaCO_3 \longrightarrow CaO + CO_2$$

問2. 16.8 g

操作 I

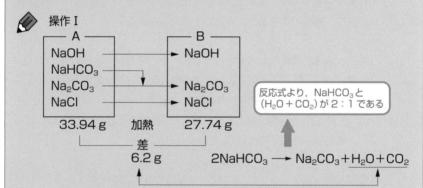

```
        ┌─── A ───┐              ┌─── B ───┐
        NaOH      ─────────────→ NaOH
        NaHCO₃ ─┐
        Na₂CO₃ ─┼────────────→ Na₂CO₃
        NaCl      ─────────────→ NaCl
        33.94 g      加熱        27.74 g
        └────── 差 ──────┘
             6.2 g
```

反応式より，$NaHCO_3$ と $(H_2O + CO_2)$ が 2：1 である

$$2NaHCO_3 \longrightarrow Na_2CO_3 + \underline{H_2O + CO_2}$$

$2x$ 〔mol〕の $NaHCO_3$ から x 〔mol〕の H_2O と x 〔mol〕の CO_2 が生じた。

$$x = \frac{6.2\,g}{18\,g/mol + 44\,g/mol} = 0.1\,mol$$

よって，$NaHCO_3$ は 0.2 mol となり，0.2 mol × 84 g/mol = 16.8 g

問3. Ⅱで使う器具：メスフラスコ　　Ⅲで使う器具：ホールピペット

Ⅱ Ⅲ

中に入っている体積を測る器具
　メスフラスコ
　メスシリンダー
取り出す体積を測る器具
　ホールピペット
　ビュレット，ピペット

問4. $NaOH + HCl \longrightarrow NaCl + H_2O$

$Na_2CO_3 + HCl \longrightarrow NaHCO_3 + NaCl$

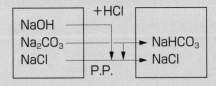

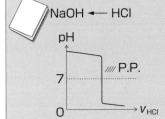

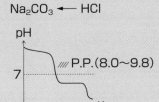

$HCO_3^- \rightleftharpoons H^+ + CO_3^{2-}$　$K_a = \dfrac{[H^+][CO_3^{2-}]}{[HCO_3^-]} = 1.35 \times 10^{-10}\,mol/L$

$$[H^+] = (1.35 \times 10^{-10}\,mol/L) \times \dfrac{[HCO_3^-]}{[CO_3^{2-}]}$$

CO_3^{2-} の5%が HCO_3^- となるときのpHは，

$$[H^+] = (1.35 \times 10^{-10}\,mol/L) \times \dfrac{5}{95} \fallingdotseq 7.11 \times 10^{-12}\,mol/L$$

より，pH 11.1 となっていなければならない。一方，0.1 mol/L NaOH 10 mL に 0.1 mol/L HCl 9.8 mL を加えた時のpHが約11 である。よって，CO_3^{2-} が HCO_3^- に変わり始めるとき，NaOH のほとんどが中和されていると考えてよい。

問 5. $NaHCO_3 + HCl \longrightarrow NaCl + H_2O + CO_2$

$NaHCO_3$ は弱酸 H_2CO_3 の塩

弱酸の塩（$NaHCO_3$）＋強酸（HCl）

⇒ 弱酸（$\underline{H_2CO_3}$）＋強酸の塩（$NaCl$）

↓

$\underline{H_2O + CO_2}$ ◀ $\boxed{H_2O + CO_2 \rightleftharpoons H_2CO_3}$

$H_2CO_3 \rightleftharpoons H^+ + HCO_3^- \quad K_a = \dfrac{[H^+][HCO_3^-]}{[H_2CO_3]} = 7.8 \times 10^{-7} \text{ mol/L}$

メチルオレンジの変色域　3.1～4.4

pH 3 のときの H_2CO_3 と HCO_3^- の比率を求める。

pH 3 ⇒ $[H^+] = 1 \times 10^{-3}$ mol/L

よって，7.8×10^{-7} mol/L $= \dfrac{(1 \times 10^{-3}) \times [HCO^{3-}]}{[H_2CO_3]}$ mol/L

$\dfrac{[HCO_3^-]}{[H_2CO_3]} = 7.8 \times 10^{-4}$

pH 3 のとき，HCO_3^- がほとんど残っていないことがわかる。

問 6. NaOH　0.60 g, Na_2CO_3　1.59 g

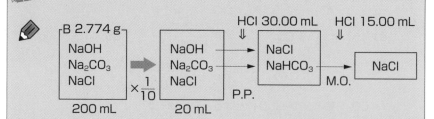

M.O.＝メチルオレンジ
P.P.＝フェノールフタレイン

Ⓜ.O. （操作Ⅳ）

$$n_{NaHCO_3} = 0.100 \text{ mol/L} \times \frac{15.00 \text{ mL}}{10^3 \text{ mL/L}}$$

$$= 1.50 \times 10^{-3} \text{ mol}$$

$$\therefore n_{Na_2CO_3} = 1.50 \times 10^{-3} \text{ mol}$$

$$\begin{array}{c} NaHCO_3 + HCl \longrightarrow NaCl + \cdots \\ 1 \qquad : \qquad 1 \end{array}$$

$$\begin{array}{c} Na_2CO_3 + HCl \longrightarrow NaHCO_3 + \cdots \\ 1 \qquad : \qquad 1 \end{array}$$

Ⓟ.P. （操作Ⅲ）

$$n_{NaOH} + n_{Na_2CO_3} = 0.100 \text{ mol/L} \times \frac{30.00 \text{ mL}}{10^3 \text{ mL/L}}$$

$$= 3.00 \times 10^{-3} \text{ mol}$$

ここで，$n_{Na_2CO_3} = 1.50 \times 10^{-3}$ mol より，

$$n_{NaOH} = 1.50 \times 10^{-3} \text{ mol}$$

$$\begin{array}{c} Na_2CO_3 + HCl \longrightarrow \cdots \\ 1 \qquad : \qquad 1 \\ NaOH + HCl \longrightarrow \cdots \\ 1 \qquad : \qquad 1 \end{array}$$

以上より，B 2.774 g 中に，Na_2CO_3 は 1.50×10^{-2} mol ／ NaOH は 1.50×10^{-2} mol 含まれる。

よって，NaOH は 1.50×10^{-2} mol $\times 40.0$ g/mol $= 0.600$ g

Na_2CO_3 は 1.50×10^{-2} mol $\times 106.0$ g/mol $= 1.59$ g

問 7. 5.84 g

NaCl は HCl と
反応しない

 試薬 A 33.94 g 中の NaCl の物質量は試薬 B 27.74 g 中の NaCl の物質量に等しい。

いま，B 27.74 g 中には NaOH 6.00 g，Na_2CO_3 15.90 g 含まれている。

よって，NaCl の量は

27.74 g － 6.00 g － 15.90 g ＝ 5.84 g

となる。

0.600 g × 10 ＝ 6.00 g
1.59 g × 10 ＝ 15.90 g

A 33.94 g	NaCl	NaOH	Na₂CO₃	NaHCO₃

B 27.74 g	NaCl	NaOH	Na₂CO₃	

問8. (ア)

理由：滴定の初めは強塩基と強酸の中和であるため，中和点近くまで pH の大きな変化が生じることはないから。

① 強塩基と弱塩基の混合溶液に酸を加えると，まず，強塩基と中和する。

↓

② 強塩基に酸を加える滴定では，中和点近くまで pH の大きな変化が生じない。

・Na_2CO_3 水溶液に強酸を加えたときの pH とイオンの関係

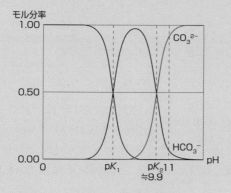

$pK_1 = -\log_{10}K_1$

$pK_2 = -\log_{10}K_2$

・水酸化ナトリウム水溶液を塩酸で滴定
　(0.1 mol/L)　　　　　　(0.1 mol/L)

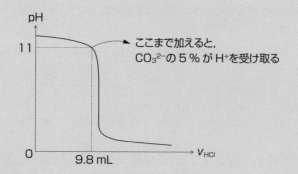

問9. $\log_{10}(0.125m_1) + 14$

　　強酸，強塩基の塩である NaCl は加水分解しない。

　　また，強塩基が共存するので，HCO_3^- の生成は無視できるため，

　　　$CO_3^{2-} + H_2O \longrightarrow HCO_3^- + OH^-$

の反応は生じない。

　　よって，溶液の液性は水酸化ナトリウムの濃度によって決まる。

　　水酸化ナトリウムの物質量は，$\dfrac{m_1}{40.0}$ mol である。よって，溶液中の

NaOH の濃度は

$$\frac{m_1}{40.0}\,\text{mol} \times \frac{10^3\,\text{mL/L}}{200\,\text{mL}} = 0.125m_1\ \text{(mol/L)}$$

となり，$[OH^-] = 0.125m_1$ である。

　　したがって，

$$[H^+] = \frac{1 \times 10^{-14}\,\text{mol/L}}{[OH^-]} = \frac{1 \times 10^{-14}\,\text{mol/L}}{0.125m_1\ \text{(mol/L)}}$$

よって，

　　$pH = -\log_{10}[H^+] = \log_{10}(0.125m_1) + 14$

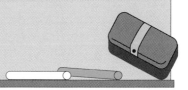

8 溶存酸素量 ——————————————— ● 解答解説

問1. (ア) (う)　　(イ) (い)　　(ウ) (お) ◀ 色はしっかりと覚えよう

問2. (a) ＋2　　(b) ＋4

 $\underline{Mn}(OH)_2 \Rightarrow \underset{(+2)}{\underline{Mn}^{2+}} + 2OH^-$ ◀ Mn は金属⇒陽イオン

$\underline{Mn}O(OH)_2 \Rightarrow \underset{(+4)}{\underline{Mn}^{4+}} + O^{2-} + 2OH^-$

問3. (1) ヘンリーの法則　　(2) 1.3 mg

ヘンリーの法則より，気体の圧力を P，ある体積の水に溶解している気体の質量を m，物質量を n とすると，

$$\frac{m}{P} = k \text{ となり，} \frac{n}{P} = k' \text{ となる}(k, k' \text{は定数})。$$ ◀ 物質の質量と物質量は比例する

よって，1.01×10^5 Pa の空気に接しているとき，水 1 L に溶けている酸素を x 〔mol〕とすると，

$$\frac{2.0 \times 10^{-3} \text{ mol}}{1.01 \times 10^5 \text{ Pa}} = \frac{x \text{〔mol〕}}{\left(1.01 \times 10^5 \times \dfrac{1}{5}\right) \text{Pa}}$$

$$x = (2.0 \times 10^{-3}) \times \frac{1}{5} \text{ mol}$$

∴水 1 L に溶けている酸素の質量は，

$$(2.0 \times 10^{-3}) \times \frac{1}{5} \text{ mol} \times 32.0 \text{ g/mol} = 12.8 \times 10^{-3} \text{ g}$$

したがって，水 100 mL では

$$12.8 \times 10^{-3} \text{ g} \times \frac{100 \text{ mL}}{1000 \text{ mL}} = 1.28 \times 10^{-3} \text{ g} \quad \text{となる。}$$

なお，100 mL 中の酸素の物質量は，

$$(2.0 \times 10^{-3}) \times \frac{1}{5} \text{ mol} \times \frac{100 \text{ mL}}{1000 \text{ mL}} = 4.0 \times 10^{-5} \text{ mol}$$

である。

問4. 4.0×10^{-2} mL

 反応式

$$2Mn(OH)_2 + O_2 \longrightarrow 2MnO(OH)_2$$
$$\qquad 2 \quad : \quad 1$$

> Mn^{2+} の物質量に着目。
> $MnSO_4$ 1 mol から,
> $Mn(OH)_2$ 1 mol が生じる。
> よって, $MnSO_4$ と O_2 の物質量は
> 2 : 1 の関係となる

$$2.0\,mol/L \times \frac{V\,mL}{10^3\,mL/L} : 4.0 \times 10^{-5}\,mol = 2:1$$

よって, $2.0 \times \dfrac{V}{10^3} = 8.0 \times 10^{-5}$ $\therefore V = 4.0 \times 10^{-2}$

問5. 4.0 mol

> O_2 1 mol が反応したときの各物質の物質量をたどっていく

$$2Mn(OH)_2 + O_2 \longrightarrow 2MnO(OH)_2$$
$$\qquad\qquad\quad \text{1mol} \qquad\quad \text{2mol}$$

$$MnO(OH)_2 + 2I^- + 4H^+ \longrightarrow Mn^{2+} + I_2 + 3H_2O$$
$$\text{2 mol} \qquad\qquad\qquad\qquad\qquad\quad \text{2 mol}$$

$$I_2 + 2Na_2S_2O_3 \longrightarrow 2NaI + Na_2S_4O_6$$
$$\text{2 mol} \quad \text{4 mol}$$

問6. 8.0 g

 問5 より, O_2 1.0 mol に相当する $Na_2S_2O_3$ は 4.0 mol である。
よって, 1.0 mol の $Na_2S_2O_3$ に相当する O_2 は 0.25 mol となり, その質量は,

$$0.25\,mol \times 32.0\,g/mol = 8.0\,g$$

となる。

問7. 0.60 mg

 3.00 mL の $Na_2S_2O_3$ 水溶液に含まれる $Na_2S_2O_3$ は

$$0.025\,mol/L \times 3.00\,mL/(10^3\,mL/L) = 7.5 \times 10^{-5}\,mol$$

よって, **問6** の結果より,

$$(7.5 \times 10^{-5}) \times 8.0 = 6.0 \times 10^{-4}\,g$$

問1. (a) (オ)　　(b) (ア)

> 液体の体積を測る器具
> 　入っている体積を測る ── メスフラスコ，メスシリンダー
> 　取り出す〔移す〕体積を測る ── ホールピペット，ビュレット，駒込ピペット

問2. (A)　$MnO_4^- + 8H^+ + 5e^- \longrightarrow Mn^{2+} + 4H_2O$

(B)　$C_2O_4^{2-} \longrightarrow 2CO_2 + 2e^-$

(C)　$2KMnO_4 + 5Na_2C_2O_4 + 8H_2SO_4$

　　　$\longrightarrow K_2SO_4 + 2MnSO_4 + 5Na_2SO_4 + 10CO_2 + 8H_2O$

電子に着目して，(A)×2＋(B)×5とする。

　⇒イオン反応式

　　$2MnO_4^- + 5C_2O_4^{2-} + 16H^+ \longrightarrow 2Mn^{2+} + 10CO_2 + 8H_2O$

　⇒化学反応式

　　$2KMnO_4 + 5Na_2C_2O_4 + 8\underline{H_2SO_4}$

　　　$\longrightarrow \underline{K_2SO_4} + 2\underline{MnSO_4} + 5\underline{Na_2SO_4} + 10CO_2 + 8H_2O$

> 反応系の H^+ は H_2SO_4 とする（硫酸で酸性にしているため）。
> 生成系の塩は正塩とする（ただし，溶液中ではすべて電離している）。
> 希硫酸は酸化されず，酸化剤にもならないので酸化還元反応の量の関係に影響しない

問3. $10Cl^- + 2MnO_4^- + 16H^+ \longrightarrow 5Cl_2 + 2Mn^{2+} + 8H_2O$

 $KMnO_4$ の酸化剤としてのはたらきを示すイオン式

$MnO_4^- + 8H^+ + 5e^- \longrightarrow Mn^{2+} + 4H_2O$—①

Cl^- の還元剤としてのはたらきを示すイオン式

$2Cl^- \longrightarrow Cl_2 + 2e^-$—②

電子に着目して，①×2＋②×5

$10Cl^- + 2MnO_4^- + 16H^+ \longrightarrow 5Cl_2 + 2Mn^{2+} + 8H_2O$

塩素ガスを作るとき，濃塩酸に過マンガン酸カリウムを加えて，加熱しても同様の反応が生じて Cl_2 が発生するが，実験室ではあまり行わない。その理由は，HCl の気体が混入してしまうとともに，反応終了後に未反応の過マンガン酸カリウムを回収することができないため。実験室での製法として酸化マンガン(Ⅳ)を用いるのは，酸化マンガン(Ⅳ)が固体で溶解していないため，反応後にろ過で分離できるからである。

 問4. 1.2×10^{-3} mol

河川水を用いた実験1および実験2で使用した過マンガン酸カリウムと純水を用いた実験3で使用した過マンガン酸カリウムの量の差は，河川水と純水に含まれる還元性の物質の量の差に対応する。

よって，この差は河川水 20 mL に含まれる有機化合物を酸化した過マンガン酸カリウムの量となる。

その値は，

$$5.00 \times 10^{-3} \text{ mol/L} \times \frac{6.0 \text{ mL} - 1.2 \text{ mL}}{10^3 \text{ mL/L}} = 2.4 \times 10^{-5} \text{ mol}$$

となり，河川水 1 L では，

$$(2.4 \times 10^{-5}) \text{ mol} \times \frac{1000 \text{ mL}}{20 \text{ mL}} = 1.2 \times 10^{-3} \text{ mol}$$

となる。

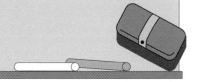

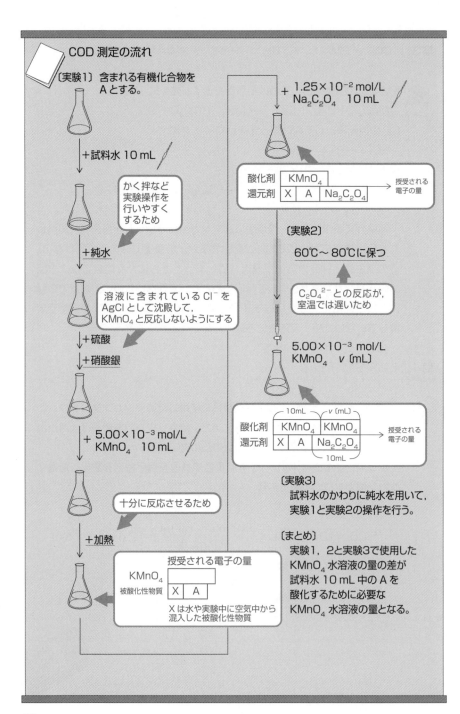

COD 測定の流れ

〔実験1〕含まれる有機化合物をAとする。

+試料水 10 mL

かく拌など実験操作を行いやすくするため

+純水

溶液に含まれている Cl^- を AgCl として沈殿して、$KMnO_4$ と反応しないようにする

+硫酸

+硝酸銀

+ 5.00×10^{-3} mol/L $KMnO_4$ 10 mL

十分に反応させるため

+加熱

授受される電子の量

$KMnO_4$		
被酸化性物質	X	A

Xは水や実験中に空気中から混入した被酸化性物質

+ 1.25×10^{-2} mol/L $Na_2C_2O_4$ 10 mL

酸化剤	$KMnO_4$			授受される電子の量
還元剤	X	A	$Na_2C_2O_4$	

〔実験2〕

60℃～80℃に保つ

$C_2O_4^{2-}$ との反応が、室温では遅いため

5.00×10^{-3} mol/L $KMnO_4$ v 〔mL〕

	10mL	v 〔mL〕		授受される電子の量
酸化剤	$KMnO_4$	$KMnO_4$		
還元剤	X	A	$Na_2C_2O_4$	
	10mL			

〔実験3〕
試料水のかわりに純水を用いて、実験1と実験2の操作を行う。

〔まとめ〕
実験1、2と実験3で使用した $KMnO_4$ 水溶液の量の差が試料水 10 mL 中のAを酸化するために必要な $KMnO_4$ 水溶液の量となる。

問5. 4.8×10 mg/L ◀ 単位の指示があるので忘れないように

 問4より，有機化合物を酸化するのに要した過マンガン酸カリウムが 1.2×10^{-3} mol であることと，問いに示された過マンガン酸カリウムと酸素の対応する物質量の関係から次のように求められる。

$$(1.2 \times 10^{-3} \text{ mol}) \times \frac{5 \text{ mol}}{4 \text{ mol}} \times 32.0 \text{ g/mol} = 0.048 \text{ g} \quad \therefore 48 \text{ mg}$$

O_2 の酸化剤としての働きを示すイオン反応式は
$O_2 + 4H^+ + 4e^- \longrightarrow 2H_2O$
一方で，MnO_4^- の酸化剤としての働きを示すイオン反応式は
$MnO_4^{4-} + 8H^+ + 5e^- \longrightarrow Mn^{2+} + 4H_2O$
したがって，20 mol の電子を受け取る物質量は，
O_2 : 5 mol，MnO_4^{4-} : 4 mol
となり，問いにある「過マンガン酸カリウム 4 mol が，
O_2 の 5 mol に換算される」が得られる

問 1. $Ag + Cl^- \longrightarrow AgCl + e^-$

 電気分解の陽極では酸化反応が生じる。

➡️ NaCl 水溶液の電気分解の陽極が銀電極の場合

① $Ag \longrightarrow Ag^+ + e^-$
② $2Cl^- \longrightarrow Cl_2 + 2e^-$ ⎤ ①の反応の方が生じやすい。

↓

Ag^+ が生成

↓

NaCl 水溶液中の Cl^- ➡️ AgCl の白色沈殿
（電極に付着 ➡️ 質量増加）

銅電極，亜鉛電極の場合

$CuCl_2$，$ZnCl_2$ は水溶性

➡️ 電極が溶解するだけ

AgCl は白色の沈殿であるが，
日光が当たると
$2AgCl \longrightarrow 2Ag + Cl_2$
の反応が生じ，銀の微粒子が生じる。
そのため，はじめ紫色になり，
しだいに黒変する

物質やイオンにおける電子の放出しやすさや受け取りやすさを表す指標に，標準電極電位という指標がある。

例）
① $Zn^{2+} + 2e^- \rightleftharpoons Zn$　　$-0.76V$
② $2H^+ + 2e^- \rightleftharpoons H_2$　　$0.00V$
③ $Ag^+ + e^- \rightleftharpoons Ag$　　$0.80V$
④ $Cl_2 + 2e^- \rightleftharpoons 2Cl^-$　　$1.40V$

　亜鉛の単体を塩酸に加えると水素が発生する反応は①と②の組合せであり，亜鉛の単体を硝酸銀の水溶液に入れると銀が析出する反応は①と③の組合せである。組合せのうち，この値の小さな方では左向きに，大きな方では右向きに変化が生じることがわかる。よって，銀の単体と塩素の反応は③と④の組合せとなり，銀の酸化が自然に生じる変化であることがわかる。すなわち，銀の単体は塩化物イオンよりも酸化されやすい。
　なお，NaCl 水溶液の電気分解では，加える電圧の大きさや NaCl の濃度によっては塩素ガスも発生する。

問2. 金属板イ：銅板　　化学式：$[Cu(NH_3)_4]^{2+}$

　アンモニア水を加えて，溶液が深青色に変化したことから，次の反応が生じたと判断できる。
　　$Cu^{2+} + 4NH_3 \longrightarrow [Cu(NH_3)_4]^{2+}$

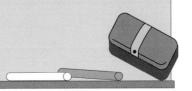

アンモニアは，
銀，亜鉛，銅のイオンと
錯イオンを作る。
このうち有色のものは
銅との錯イオンである

問3. 9.35 g

　　問1より，金属板アは銀板，**問2**より，金属板イは銅板であることが
わかった。

　　よって，金属板ウは亜鉛板である。

　　電気分解に使われた電気量は，

　　　　1.00 A × (32 × 60 + 10) 秒 = 1930 C

> 1 A は 1 秒間に 1 C の電荷が通過するときの電流の値

となる。よって，移動した電子の物質量は，

$$1930\,C \times \frac{1}{9.65 \times 10^4\,C/mol} = 0.0200\,mol$$

> ファラデー定数は電子 1 mol のもつ電気量〔C〕のこと

となり，溶解した亜鉛は 0.0100 mol である。 ← $Zn \longrightarrow Zn^{2+} + 2e^-$

　　以上より，電解後の金属板の質量は，

　　　　10.0 g − 0.0100 mol × 65.4 g/mol = 9.346 g

と求まる。

問4. (1) 塩素の気体と微粒子の銀の単体が生じる。（19字）

(2) 電極に付着していた白色の塩化銀が錯イオンとなって溶解する。
（29字）

反応式：$AgCl + 2Na_2S_2O_3 \longrightarrow Na_3[Ag(S_2O_3)_2] + NaCl$

(1) ①塩素と銀（4字）

②塩素と微粒子の<u>銀</u>（8字） 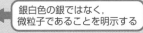 銀白色の銀ではなく，
微粒子であることを明示する
（銀の微粒子）

③塩素の気体と微粒子の銀（11字）

④塩素の気体と微粒子の銀の単体（14字）

⑤塩素の<u>気体</u>と微粒子の銀の単体が生じる。

「気体」は「単体」の表記でもよい

問いに対しての
受け答えになるように

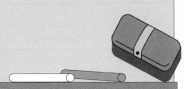

問 1. 電解槽 I　陽極：$2H_2O \longrightarrow O_2 + 4H^+ + 4e^-$

　　　　　　　陰極：$Ag^+ + e^- \longrightarrow Ag$

　　　　　電解槽 II　陽極：$4OH^- \longrightarrow O_2 + 2H_2O + 4e^-$

　　　　　　　陰極：$2H_2O + 2e^- \longrightarrow H_2 + 2OH^-$

　　　　　電解槽 III　陽極：$2Cl^- \longrightarrow Cl_2 + 2e^-$

　　　　　　　陰極：$2H_2O + 2e^- \longrightarrow H_2 + 2OH^-$

　電解槽 I について（$AgNO_3$ 水溶液：弱酸性）

> 水溶液中では NO_3^-, SO_4^{2-} は変化しない

（陽極）NO^{3-} ✕

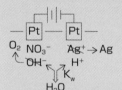

$$4OH^- \longrightarrow O_2 + 2H_2O + 4e^-$$
$$4H_2O \longrightarrow 4H^+ + 4OH^-$$
$$\overline{2H_2O \longrightarrow O_2 + 4H^+ + 4e^-}$$

> 弱酸性なら $[OH^-] < 1 \times 10^{-7}$ であるため, 水の電離も生じる

（陰極）イオン化傾向（H）＞ Ag

$2H^+ + 2e^-$ ✕

$Ag^+ + e^- \longrightarrow Ag$

> 白金電極なら イオン化傾向を元に考える

電解槽 II について（$NaOH$ 水溶液は強塩基性）

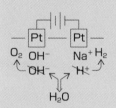

（陽極）$4OH^- \longrightarrow O_2 + 2H_2O + 4e^-$

（陰極）イオン化傾向 Na ＞（H）

> $[OH^-] \gg 1 \times 10^{-7}$

$Na^+ + e^-$ ✕

$$2H^+ + 2e^- \longrightarrow H_2$$
$$\underline{2H_2O \longrightarrow 2H^+ + 2OH^-}$$
$$2H_2O + 2e^- \longrightarrow H_2 + 2OH^-$$

> 強塩基性なら $[H^+] \ll [OH^-]$ であるため 水の電離も生じる

電解槽Ⅲ（NaCl 水溶液：中性）　 NaCl 水溶液では $[H^+] = 1 \times 10^{-7}$

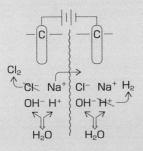

（陽極）$[Cl^-] \gg [OH^-]$ より，
$$2Cl^- \longrightarrow Cl_2 + 2e^-$$

塩素ガスが
発生するので，
電極に金属板は
使えない

（陰極）イオン化傾向 Na ＞（H）
$$2H^+ + 2e^- \longrightarrow H_2$$
$$\underline{2H_2O \longrightarrow 2H^+ + 2OH^-}$$
$$2H_2O + 2e^- \longrightarrow H_2 + 2OH^-$$

$M + Cl_2 \longrightarrow$
$M^{2+} + 2Cl^-$
（M は金属）

電気分解が進むと陽極から陰極へ陽イオン交換膜を通ってNa$^+$が移動する。

（陽極）　NaCl の濃度　－　減少

（陰極）　NaCl の濃度　－　変化しない。

　　　　　NaOH の濃度　－　増加

問2. 3.86×10^2 C

　　　電解槽Ⅰ，Ⅱ，Ⅲは直列につながれているので，各電解槽を流れた電気
量は同じである。

　　　よって，まず電解槽Ⅰについて流れた電気量を求める。

電解槽Ⅰの陰極での反応

　　　$Ag^+ + e^- \longrightarrow Ag$

　　　「mg」は「$\times 10^{-3}$ g」

よって，流れた電子の物質量

$$= \text{析出した銀の物質量} = \frac{432 \text{ mg}}{108 \text{ g/mol}}$$

「mmol」は
「$\times 10^{-3}$mol」

$$= 4.00 \text{ mmol}$$

したがって，電気量は，

「mC」は
「$\times 10^{-3}$ C」

$$4.00 \text{ mmol} \times (9.65 \times 10^4 \text{ C/mol}) = 3.86 \times 10^5 \text{ mC}$$
$$= 3.86 \times 10^2 \text{ C}$$

単位については「計量標準総合センター」のホームページの
「ホーム／計量標準・JCSS」にある国際単位系（SI）を見て下
さい。

問3. 電解槽 I：2.24×10 mL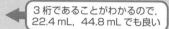
電解槽 II：4.48×10 mL

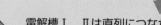

　　電解槽 I，II は直列につながれているので，各電極で授受される電子の物質量は同じである。

　　電解槽 I について，陰極の反応 $Ag^+ + e^- \longrightarrow Ag$ より，授受された電子の物質量は，銀の析出量より

$$\frac{432 \text{ mg}}{108 \text{ g/mol}} \times 1 = 4.00 \text{ mmol}$$

となる。

　　陽極の反応 $2H_2O \longrightarrow O_2 + 4H^+ + 4e^-$ より発生した O_2 の体積は，

$$4.00 \text{ mmol} \times \frac{1}{4} \times 22.4 \text{ L/mol} = 22.4 \text{ mL}$$

となる。

　　電解槽 II について，電極で授受された電子は 4.00 mmol

　　陰極の反応 $2H_2O + 2e^- \longrightarrow H_2 + 2OH^-$ より，発生した H_2 の体積は，

$$4.00 \text{ mmol} \times \frac{1}{2} \times 22.4 \text{ L/mol} = 44.8 \text{ mL}$$

となる。

問4. 5.0×10^{-13} mol/L

　　$K_w = 1.0 \times 10^{-14} \text{ mol}^2/\text{L}^2 = [H^+] \cdot [OH^-]$ より，

$$[H^+] = \frac{1.0 \times 10^{-14} \text{ mol}^2/\text{L}^2}{[OH^-]}$$

$$= \frac{1.0 \times 10^{-14} \text{ mol}^2/\text{L}^2}{2.00 \times 10^{-2} \text{ mol/L} \times 1}$$

$$= 5.0 \times 10^{-13} \text{ mol/L}$$

1 価の塩基の場合
$[OH^-] = C_B \times \alpha$
C_B：塩基の濃度
α：電離度

問5. 電解槽Ⅰ：増加する

電解槽Ⅱ：（ほとんど）変わらない

電解槽Ⅲ　陽極：変わらない

　　　　　陰極：減少する

電解槽Ⅰについて,

陽極：$2H_2O \longrightarrow O_2 + 4H^+ + 4e^-$

陰性：$Ag^+ + e^- \longrightarrow Ag$

全体　$\underline{4Ag^+ + 2H_2O \underset{4e^-}{\longrightarrow} 4Ag + O_2 + 4H^+}$

> 変化した量を確認しよう

$$e^- \, 4.00 \times 10^{-3} \, mol \Rightarrow H^+ \, 4.00 \times 10^{-3} \, mol$$

よって, $[H^+]$ は $4.00 \times 10^{-3} \, mol/L$ 増加

電解槽Ⅱについて

陽極：$4OH^- \longrightarrow O_2 + 2H_2O + 4e^-$

陰性：$2H_2O + 2e^- \longrightarrow H_2 + 2OH^-$

全体　$\underline{2H_2O \underset{4e^-}{\longrightarrow} 2H_2 + O_2}$

> 変化した量を確認しよう

$H_2O \, 2.00 \times 10^{-3} \, mol \Leftarrow e^- \, 4.00 \times 10^{-3} \, mol$

溶媒が

$(2.00 \times 10^{-3} \, mol) \times 18.0 \, g/mol = 3.60 \times 10^{-2} \, g$

減少する。

溶液 1 L のうち溶媒が 0.036 g 減少するだけなので, NaOH の濃度増加は無視できる。よって $[H^+]$ の値は変わらない。

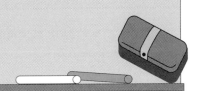

溶媒の減少量が無視できないときは,
NaOH の濃度が大きくなる
⇒ $[H^+]$ の値は減少する

電解槽Ⅲについて

＊陽極：$2Cl^- \longrightarrow Cl_2 + 2e^-$

　$\underline{Cl^-}$が減少⇒同じ電荷分の Na^+ が陰極側へ移動

　NaCl の濃度が減少⇒［H^+］の値は変化しない

＊陰極：$2H_2O + 2e^- \longrightarrow H_2 + 2OH^-$

　　　　$e^- 4.00 \times 10^{-3}\,mol \Rightarrow OH^- 4.00 \times 10^{-3}\,mol$

> 変化した量を確認しよう！

よって，［OH^-］が $8.00 \times 10^{-3}\,mol/L$ 増加する。

そのため，［H^+］の値は減少する。

> 溶液の体積は 0.500 L

 両極の溶液における NaCl と NaOH の物質量の変化は次のようになる。

陽極側（0.50L）　NaCl ㊡0.500 mol⇒㊋0.496 mol

陰極側（0.50L）　NaCl ㊡0.500 mol⇒㊋0.500 mol

　　　　　　　　NaOH㊡0.00 mol⇒㊋4.00×10⁻³ mol

 回路を流れる電子の移動の速さ

直径 0.400 mm の銅線について，次の4点が成り立つと仮定する。

1．面心立方格子である（1辺 0.316 nm の立方体）。

2．Cu 原子は Cu^{2+} と2個の自由電子となる。

3．自由電子は均一に分布する。

4．電流が流れるとき，自由電子は均一に移動している。

0.316 nm → 体積 $(0.316 \times 10^{-9})^3\,m^3$

► 4個の原子 → 8個の自由電子

電子の移動速度を v〔m/s〕，流れた電流を 1.00 A とする。

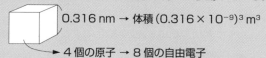

この中に電気量 1.00 C 分の電子

0.400 mm

v m

$$\dfrac{3.14 \times (0.200 \times 10^{-3})^2 \times v}{(0.316 \times 10^{-9})^3} \times 8 = \dfrac{1 \times (6.02 \times 10^{23})}{9.65 \times 10^4}$$

直径 0.400 mm，長さ v〔m〕の銅線に　　　電気量 1.00 C 分の電子の個数〔個〕
含まれる自由電子の個数〔個〕

より，

　$v = 1.96 \times 10^{-4}$〔m〕

と求められる。

とても大雑把な計算なので現実的とはいえないが，銅線の中を電子は
ゆっくりと動いていることがわかる。

0.01 mol/L NaOH 水溶液の電気分解について

　　陰極での電解生成物 H_2 が 1 秒間に標準状態で 1.00 mL 生成するとき，
授受された電子の物質量は，

$$\frac{1.00 \text{ mL}}{22.4 \text{ L/mol}} \times 2 \fallingdotseq 8.93 \times 10^{-2} \text{ mmol}$$

$$\fallingdotseq 8.93 \times 10^{-5} \text{ mol}$$

となる。そこで，この電子を水溶液中の H^+ が受け取ると考えると，この
水溶液の水素イオン濃度が $[H^+] = 1 \times 10^{-12}$ であることと電気分解が電
極の近くでしか生じないことより H^+ がとても足りない。

　　よって，陰極では，$H^+ (H_3O^+)$ が還元される反応と水が電離する二つ
の反応が同時に生じると考えるよりも，H_2O が還元される一つの反応が
生じていると考えた方がよい。

　　なお，まず，

　　$2H^+ + 2e^- \longrightarrow H_2$

が生じ，$[H^+]$ の値が小さいときは，ただちに

　　$H_2O \longrightarrow H^+ + OH^-$

も生じるという考え方は電極での反応を考えるときにわかりやすい方法で
はある。

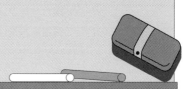

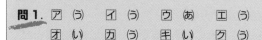

12 分子量の測定 ──────────── ● 解答解説

問1. ア (う) イ (う) ウ (あ) エ (う)
　　　オ (い) カ (う) キ (い) ク (う)

　　気体の状態方程式を用いて分子量を測定する方法について述べている。
初めに，どのような考え方で測定するのかの説明があり，その後，具体的
な操作の方法が記されている。

　　測定の原理（未知数が求まる順番）について，その概要を記すと，

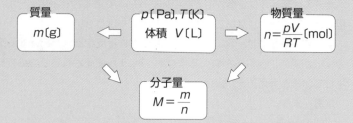

となる。

　　さて，このことをふまえて，以下，各操作について説明する。

〔操作1について〕

　　測定に用いるフラスコの質量を測定する。この値は次の操作2の結果
と合わせてフラスコの体積を求めるのに用いる。

〔操作2について〕

　　蒸留水をフラスコに満たして，その全体の質量を求めた。この値から操
作1で求めたフラスコの質量を引くと，フラスコの内容積と同じ体積の
蒸留水の質量が求められる。

　　よって，実験室内での大気圧，温度における蒸留水の密度とこの値を用
いることで，フラスコの内容積が求められる。

〔操作3について〕

　　しっかり乾燥させたフラスコと次の操作でふたとして用いるアルミニウ
ム箔の合計の質量を測定した。この値は操作9で用いる。

〔操作4について〕

　ヘキサンをフラスコに入れるが，このヘキサンを気化させてフラスコ内をヘキサンの蒸気で満たしたい。そうすれば，ヘキサンの気体の体積はフラスコの内容積と同じとなる。しかし，どれだけ入れればよいかはわからない。多量に入れれば，多量の蒸気があふれ出すため危険である。そこで少しずつ量を増やして，操作3から9までをくり返す。

〔操作5，6，7について〕

　右図のように水浴に入れる。そして，加熱することで，フラスコ全体を均一にあたためる。このとき，水をおだやかに沸騰させなければならない。でなければ，アルミニウム箔の穴から水が入ってしまう。

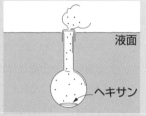

　ヘキサンが気化すると，気化した体積と等しい体積の空気が穴から押し出されていく。十分なヘキサンがあれば，フラスコ内はヘキサンの蒸気で満たされることになる。

〔操作8について〕

　フラスコ内のヘキサンをすべて気化させ，しばらく放置しておくと，フラスコ内の気体の温度が均一になり，その値は水の沸点の値と等しくなる。

　もし，フラスコ内がヘキサンの蒸気だけならば，大気圧に等しい圧力の，温度が水の沸点に等しく，体積がフラスコの内容積に等しいヘキサンの気体が得られたことになる。

〔操作9について〕

　フラスコを水浴より取り出し，冷却するとヘキサンは液化する。そこでフラスコと液化したヘキサンの質量を測定し，操作3で求めた値を引きさると，フラスコ内を満たしたヘキサンの質量が求まる。

〔洗浄について〕

　ヘキサン C_6H_{12} は水には溶解しないがエタノールには溶解する。

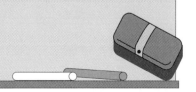

問2. (え)

理想気体とみなせる気体について，その質量を m〔g〕，圧力を p〔Pa〕，体積を V〔L〕，温度を T〔K〕と表わし，気体定数を R $\left[\dfrac{Pa \cdot L}{mol \cdot K}\right]$ とすると，この気体の分子量 M は，

$$M = \frac{m \cdot R \cdot T}{p \cdot V}$$

> 単位は常に意識すること。
> 分子量は質量の比の値なので，
> 単位はつかない

となる。

　ここで，ヘキサンがフラスコ内を満たしていたと仮定して，計算を行なう。その際，温度は水の沸点，圧力は大気圧である。ヘキサンがフラスコ内を満たしていなければ，ヘキサンの体積を大きく見積もることになるので求めた分子量は小さな値となる。もし，操作4において過剰にヘキサンを入れていたならば，フラスコから余分のヘキサンがあふれ出るので，この操作で得られるヘキサンの質量は一定となり，ほぼ正しい分子量が得られる。

問3. (c) (き)　　(d) (う)　　(e) (き)

 モル質量：ヘキサン 86 g/mol，空気 28.8 g/mol，
気体の密度〔g/L〕：ヘキサン ＞ 空気

> 密度に着目。ゆっくり
> 気化すれば混ざりにくい

　気体のヘキサンは空気より重いため，おだやかに気体になれば空気を押し出す。初め，液体のヘキサンと空気が入っていたが，ヘキサンがすべて気体になるとフラスコの中はヘキサンの気体のみとなる。

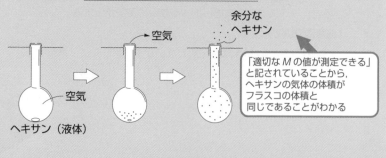

> 「適切な M の値が測定できる」と記されていることから，ヘキサンの気体の体積がフラスコの体積と同じであることがわかる

問4.

(1) $p = p_1$, $\quad V = \dfrac{w_2 - w_1}{d_2}$

$T = T_4 - T_1 \quad \longleftarrow \boxed{T_1 = -273℃}$

(2) $m = w_4 - w_3$

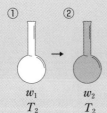

$\textcircled{1}$ ~ $\textcircled{9}$ はそれぞれ操作の番号

①
w_1
T_2

②
w_2
T_2

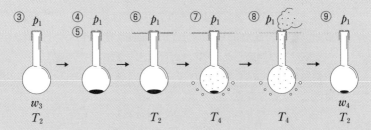

③ p_1
w_3
T_2

④ p_1
⑤

⑥ p_1
T_2

⑦ p_1
T_4

⑧ p_1
T_4

⑨ p_1
w_4
T_2

この測定法では，操作9において生じたヘキサンの液体の体積がフラスコの体積に対して無視してよいという条件が前提となっている。

⑨
空気
w_4

−

③
空気
w_3

$=$ $\quad m \quad - \quad \bigcirc$

ヘキサンと同じ体積の空気の質量

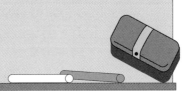

13 気体の性質 ─────────────── ● 解答解説

問1. 0分〜10分

操作(ii)を始めるときの容器内の状態は,

$$\text{圧力} P = 1.20 \times 10^5 \text{Pa} \qquad \text{温度} T = 280 \text{K}$$

容器の外の圧力は 1.0×10^5 Pa なので弁 A は閉じている。

温度を上げていったとき,もし,弁 A が閉じているならば,気体の物質量が変化しないため,容器内の圧力 P について,

$$P > 1.20 \times 10^5 \text{Pa} > 1.00 \times 10^5 \text{Pa}$$

となる。よって,温度を上げ続けている間は弁 A は開いていて,圧力は 1.20×10^5 Pa に保たれる。

弁 A,B が閉じていると気体の物質量 n は一定となり,$P = \dfrac{nR}{V} T$ より,P と T は比例する

温度を下げ始めると,$PV = nRT$ より,気体の物質量が変化しなくても圧力は 1.20×10^5 Pa より低くなるため,弁 A は閉じることになる。

以上より,温度を上げている間は弁 A は開いている。

温度上昇にともなって,気体の流出がスムーズに進むと考える(圧力は 1.20×10^5 Pa に保たれる)

問2. 315 K

弁 B が開く圧力は 0.90×10^5 Pa であることから,温度を下げ始めて圧力が下がっても,この圧力までは容器内の気体の物質量は変化しない。

よって,物質量と体積が一定である気体について,次の状態Ⅱとなる温度 T 〔K〕を求めればよい。

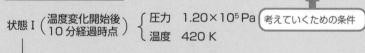

状態Ⅰ $\begin{pmatrix} \text{温度変化開始後} \\ \text{10 分経過時点} \end{pmatrix}$ $\begin{cases} \text{圧力} \quad 1.20 \times 10^5 \text{Pa} \\ \text{温度} \quad 420 \text{K} \end{cases}$ ← 考えていくための条件

↓

状態Ⅱ (弁 B が開くとき) $\begin{cases} \text{圧力} \quad 0.90 \times 10^5 \text{Pa} \\ \text{温度} \quad T \text{〔K〕} \end{cases}$

ボイル・シャルルの法則より,体積を V〔L〕とすると,

$$\frac{(1.20 \times 10^5 \text{Pa}) \times V}{420 \text{K}} = \frac{(0.90 \times 10^5 \text{Pa}) \times V}{T}$$

$$T\text{〔K〕} = 315 \text{K}$$

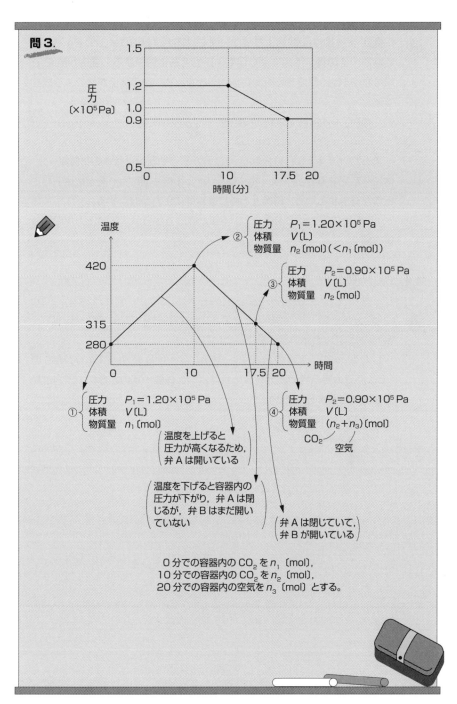

圧力
〔×10⁵Pa〕

1.5
1.2
1.0
0.9
0.5

0   10   17.5 20
時間〔分〕

温度

② 　圧力　　$P_1 = 1.20 \times 10^5$ Pa
　体積　　V〔L〕
　物質量　n_2〔mol〕（$< n_1$〔mol〕）

③ 　圧力　　$P_2 = 0.90 \times 10^5$ Pa
　体積　　V〔L〕
　物質量　n_2〔mol〕

420
315
280

0   10   17.5 20   時間

① 　圧力　　$P_1 = 1.20 \times 10^5$ Pa
　体積　　V〔L〕
　物質量　n_1〔mol〕

④ 　圧力　　$P_2 = 0.90 \times 10^5$ Pa
　体積　　V〔L〕
　物質量　$(n_2 + n_3)$〔mol〕
　　　CO_2　　空気

温度を上げると
圧力が高くなるため，
弁 A は開いている

温度を下げると容器内の
圧力が下がり，弁 A は閉
じるが，弁 B はまだ開い
ていない

弁 A は閉じていて，
弁 B が開いている

0 分での容器内の CO_2 を n_1〔mol〕，
10 分での容器内の CO_2 を n_2〔mol〕，
20 分での容器内の空気を n_3〔mol〕とする。

問1より操作(ii)開始より10分までは圧力は 1.20×10^5 Pa で一定となる。その後，冷却により温度，圧力ともに減少する。温度が**問2**で求めた315Kに達する時間を t〔分〕とすると，次の関係が図2より成立する。

> 図2から温度と経過時間の関係が一次関数の関係になっていることがわかる

$$\frac{280-420}{20-10} = \frac{315-420}{t-10}$$

よって，$t = 17.5$〔分〕となり，10分から17.5分は気体の物質量一定，体積一定であることから，ボイル・シャルルの法則により温度に比例して圧力が減少するため，時間とともに直線的に圧力が減少する。

17.5分に圧力が 0.90×10^5 Pa となってからは，この圧力が20分まで続く。

> ボイル・シャルルの法則
> $$P = \frac{nR}{V}T$$

問4. 8.0×10^4 Pa

 10分から20分の冷却のときに，CO_2 は容器外へ流出していないので，容器内の CO_2 の物質量は変化していない。

したがって，CO_2 の分圧 P_{CO_2}〔Pa〕は，弁Bが閉じていた場合の280Kでの容器内の圧力を求めればよい。体積一定のときに，圧力と絶対温度は比例することから，

$$\frac{1.20 \times 10^5 \text{ Pa}}{420\text{K}} = \frac{P_{CO_2}}{280\text{K}}$$

$$P_{CO_2} \fallingdotseq 8.0 \times 10^4 \text{ Pa}$$

（別解）

10 分のときに容器内に入っている CO_2 の物質量を n 〔mol〕とすると，20 分のときに容器内に入っている CO_2 は n 〔mol〕である。

10 分から 20 分までの間に，容器内の圧力が 0.90×10^5 Pa となるように空気が容器内に n' 〔mol〕入ってきたとすると，気体の状態方程式より次の関係が成り立つ。なお，容器の体積は V 〔L〕，気体定数を R 〔Pa・L/(mol・K)〕とする。

$$(1.20 \times 10^5) \times V = n \times R \times 420$$
$$(0.90 \times 10^5) \times V = (n + n') \times R \times 280$$

よって，20 分のときの CO_2 のモル分率の値は，

$$\frac{n}{n + n'} = \frac{1.20 \times 10^5}{0.90 \times 10^5} \times \frac{280}{420}$$
$$= 0.8888\cdots$$

したがって，CO_2 の分圧は

$$(0.90 \times 10^5 \text{ Pa}) \times 0.889 = 8.00 \times 10^4 \text{ Pa}$$

となる。

14 混合気体 ————————————— ● 解答解説

 問1. $p_w + p_e$

混合溶液中に泡が生じたとき

1.0×10⁵ Pa（外の圧力）

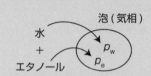

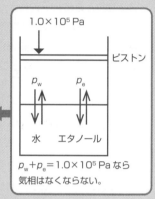

$p_w + p_e = 1.0 \times 10^5$ Pa なら
気相はなくならない。

水とエタノールの蒸発で泡が生じたとき

・$p_w + p_e = 1.0 \times 10^5$ Pa

　⇒泡はつぶれない⇒沸騰する

・$p_w + p_e < 1.0 \times 10^5$ Pa

　⇒泡はつぶれる　⇒沸騰しない

水と混ざらない液体をその沸点以下の温度で取り出す工夫

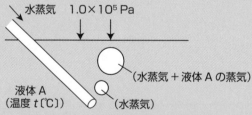

① 100℃の水蒸気（100％水）を吹き込む。

② 水蒸気の圧力と液体 A の蒸気圧の和が 1.0×10^5 Pa になるならば，A を沸点（蒸気圧が 1.0×10^5 Pa となる温度）以下で取り出すことができる。

③ 取り出した蒸気を冷却すると，水と A が液体となり，分離する。

問2. (b) (ア)　(c) (イ)　(d) (キ)　(e) (ケ)

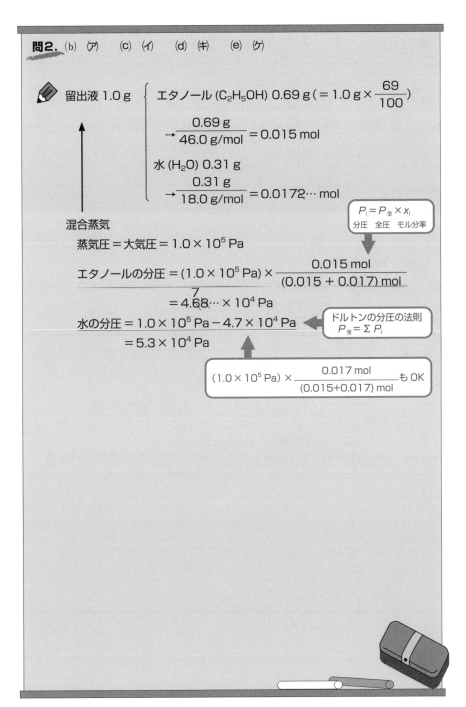

✏️ 留出液 1.0 g ⎰ エタノール (C_2H_5OH) 0.69 g ($= 1.0$ g $\times \dfrac{69}{100}$)

$$\rightarrow \frac{0.69 \text{ g}}{46.0 \text{ g/mol}} = 0.015 \text{ mol}$$

水 (H_2O) 0.31 g

$$\rightarrow \frac{0.31 \text{ g}}{18.0 \text{ g/mol}} = 0.0172\cdots \text{ mol}$$

混合蒸気

蒸気圧＝大気圧＝1.0×10^5 Pa

> $P_i = P_全 \times x_i$
> 分圧　全圧　モル分率

エタノールの分圧 $= (1.0 \times 10^5 \text{ Pa}) \times \dfrac{0.015 \text{ mol}}{(0.015 + 0.017) \text{ mol}}$

　　　　　　　　　　　　　　　　　　7

$$= 4.68\cdots \times 10^4 \text{ Pa}$$

水の分圧 $= 1.0 \times 10^5$ Pa $- 4.7 \times 10^4$ Pa

> ドルトンの分圧の法則
> $P_全 = \Sigma P_i$

$$= 5.3 \times 10^4 \text{ Pa}$$

> $(1.0 \times 10^5 \text{ Pa}) \times \dfrac{0.017 \text{ mol}}{(0.015 + 0.017) \text{ mol}}$ も OK

問3. 0.96

蒸気の成分気体の総物質量は，
$$0.015 \, mol + 0.017 \, mol = 0.032 \, mol$$
蒸気の体積を V 〔L〕とすると，気体の状態方程式より，

$$1.0 \times 10^5 \, Pa \times V = \frac{0.032 \, mol}{6} \times (8.3 \times 10^3 \frac{Pa \cdot L}{mol \cdot K}) \times (87 + 273) \, K$$

$$V = 0.956 \cdots L$$

> 理想気体ならば，
> 気体の状態方程式を使うときに，
> 気体の種類を区別しなくてもよい

問4. (イ)

・下線(1)より

エタノールの割合 25 % では

エタノールの割合　原料液 < 留出液

このようになっているグラフは(ア)，(イ)，(ウ)の3つ

・下線(2)より

エタノールの割合 96 % 以上

エタノールの割合　原料液 = 留出液

このようになっているグラフは(ア)，(イ)，(ウ)のうち(イ)と(ウ)の2つ

・下線(1)(2)より

沸点の低い物質の割合　原料液 ≦ 留出液

このようになっているのは(イ)のグラフ

成分AとBからなる混合溶液について，ある温度における純粋な液体A，Bの蒸気圧をそれぞれ P_{OA}，P_{OB} と表し，この混合溶液中でのA，Bのモル分率をそれぞれ x_A，x_B と表すと，この溶液と平衡状態にある蒸気中のA，Bの分圧 P_A，P_B はラウールの法則によれば次式で表される。

$$P_A = P_{OA} \times x_A$$
$$P_B = P_{OB} \times x_B$$

いま，ラウールの法則が x_A，x_B の値にかかわらず成立すると仮定する。気相中のAのモル分率を x_{GA} とすると，

$$x_{GA} = \frac{P_A}{P_A + P_B}$$

$$= \frac{P_{OA} \times x_A}{P_{OA} \times x_A + P_{OB} \times x_B}$$

$$= \frac{1}{1 + \dfrac{P_{OB} \times x_B}{P_{OA} \times x_A}}$$

$$= \frac{1}{1 + (\dfrac{P_{OB}}{P_{OA}}) \times \dfrac{x_B}{x_A}} \qquad (x_A + x_B = 1)$$

ここで，次のように値を設定し，Excel などで計算すると下記のようなグラフが得られる。

$$P_{OA} = 0.8 \times 10^5$$
$$P_{OB} = 0.5 \times 10^5$$
$$0.01 \leqq x_A \leqq 1$$

Aの沸点はBより低い

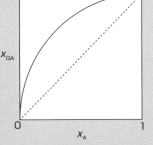

このグラフから，溶液と平衡状態にある蒸気中では沸点の低い物質のモル分率が溶液中でのモル分率より大きくなることがわかる。

なお，各成分の分子の大きさ，分子間力の違いなどの要因によって，常にラウールの法則が成り立つとは限らないため，実際には必ずしもこのような形にはならない。

15 気体の溶解 —————————————— ● 解答解説

問1. 4.4×10^{-4} mol/L

 ヘンリーの法則より，溶解する気体の物質量はその気体の分圧に比例することから，

$$\frac{0.049 \, \text{L/L}}{22.4 \, \text{L/mol}} \times \frac{1}{1 \, \text{気圧}} \times \left(1 \, \text{気圧} \times \frac{20}{100}\right) = 4.\overset{4}{\cancel{3}}\overset{}{\cancel{7}}\overset{}{\cancel{5}} \times 10^{-4} \, \text{mol/L}$$

> 酸素の水への溶解量
> 0℃，1気圧で 0.049 L/ 水 1 L
> 0℃，1気圧，1 mol の気体は 22.4 L

> ドルトンの分圧の法則と理想気体の性質より，
> 成分気体 i の分圧 P_i はモル分率を x_i，
> 全圧を $P_全$ とすると，
> $P_i = P_全 \times x_i$

問2. (ア) $(B+1)P$ (イ) $\dfrac{V_0}{B+1}$ (ウ) $\dfrac{BV_0}{B+1}$ (エ) $\dfrac{BV_0}{(B+1)^2}$

(オ) $\dfrac{B^2 V_0}{(B+1)^2}$ (カ) $\dfrac{B^2 V_0}{(B+1)^3}$ (キ) $\dfrac{B^3 V_0}{(B+1)^3}$ (ク) $\dfrac{B^n V_0}{(B+1)^{n+1}}$

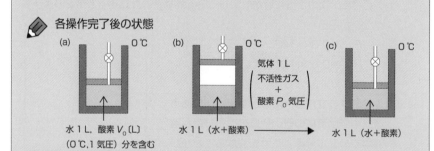 各操作完了後の状態

54

(ア) (b)完了後に水 1 L に溶けている酸素

$$\frac{B}{22.4} \times P \ \text{(mol)}$$

> 0℃, 1L の理想気体は
> 1 気圧 (1.0×10^5Pa) のとき,
> $\frac{1}{22.4}$ mol である。
> また, $pV = nRT$ より,
> 同温・同圧, 同体積のとき,
> 圧力と物質量は比例する

(b)完了後の気体中の酸素

$$\underline{\frac{1}{22.4} \times P \ \text{(mol)}}$$

よって, 酸素は $\dfrac{(B+1)\ P}{22.4}$ 〔mol〕となる。

したがって, 0 ℃, 1 気圧での体積に換算すると,

$$\frac{(B+1)\ P}{22.4} \ \text{(mol)} \times 22.4 \ \text{L/mol} = (B+1)P \text{(L)}$$

となる。

(イ) $V_0 = (B+1)P$ より, $P = \dfrac{V_0}{B+1}$

(ウ) ヘンリーの法則より, 液体に溶解する気体の体積は圧力にかかわらず
一定なので, 圧力 P 気圧の酸素が 1L 中に B〔L〕分溶けている。

よって, 溶解している酸素が標準状態で V〔L〕ならば, ボイルの法則
により次式が成り立つ

$$P \text{(気圧)} \times B \text{(L)} = 1 \text{(気圧)} \times V \text{(L)}$$

よって, $V = PB$ となり, $P = \dfrac{V_0}{B+1}$ より,

$$V = \frac{BV_0}{B+1}$$

となる。

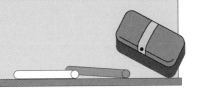

(エ), (オ), (カ), (キ)

操作の流れと回数の確認

···n=0······┌──n=1──────┬──n=2──────┬──n=3─

(a) → (b) → (c) → (b) → (c) → (b) → (c) →

水1L中の酸素の量
(0℃, 1気圧換算)　V_0〔L〕　V〔L〕　V〔L〕　(オ)V_1〔L〕　V_1〔L〕　(キ)V_2〔L〕　V_2〔L〕

酸素分圧　　　　　　　　P 気圧　　　　　(エ)P_1 気圧　　　　(カ)P_2 気圧

(イ)と同様にして，$P_1 = \dfrac{V}{B+1}$ となり，(ウ)の値を用いると，

$$P_1 = \frac{1}{B+1} \times \frac{BV_0}{B+1}$$

$$= \frac{BV_0}{(B+1)^2}$$

> $P_1 = \dfrac{V}{B+1}$ の関係に注目
> → (c) → (b) →
>
> V〔L〕
> ⤵ P_1 気圧

となり，(エ)の値が得られる。

(オ)については(ウ)を求めたときと
同様に，

$$P_1 \times B = 1 \times V_1$$

が成り立ち，

$$V_1 = P_1 \cdot B$$

となる。ここに(エ)の P_1 の値を代入すると

$$V_1 = \frac{B^2 V_0}{(B+1)^2}$$

> $V_1 = P_1 B$ に注目
> → (c) → (b) →
> V_1〔L〕
> ⌃
> P_1 気圧

が(オ)の値として得られる。

(エ), (オ)の求め方と同様にして，(カ)の P_2 気圧については，

$$P_2 = \frac{V_1}{B+1}$$

となり，(オ)の V_1 の値を代入して，

$$P_2 = \frac{1}{B+1} \times \frac{B^2 V_0}{(B+1)^2}$$

$$= \frac{B^2 V_0}{(B+1)^3}$$

> $n=2$ のときの式であることに注意

が得られる。そして，(キ)の V_2 〔L〕については，

$$V_2 = P_2 B$$

に(カ)の P_2 の値を代入することで

$$V_2 = \frac{B^2 V_0}{(B+1)^3} \times B$$

$$= \frac{B^3 V_0}{(B+1)^3}$$ ← $n = 2$ のときの式であることに注意

が得られる。

(ク) 以上より，n 回目のときの(b)での気体の圧力 P_n 〔気圧〕と容器内の酸素の量を $0{}^{\circ}\mathrm{C}$，1 気圧に換算した体積 V_n 〔L〕との間には次の関係が成り立つ。

$$P_n = \frac{1}{B+1} V_{n-1}$$

$$V_{n-1} = P_{n-1} \times B$$

よって，

$$P_n = \frac{B}{B+1} P_{n-1}$$

ここで，$P_1 = \dfrac{B}{(B+1)^2} V_0$ である

ことから

$$P_n = \frac{B^n}{(B+1)^{n+1}} V_0$$

が得られる。

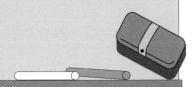

$$
\begin{aligned}
P_n &= \frac{B}{B+1} P_{n-1}\\[2mm]
P_{n-1} &= \frac{B}{B+1} P_{n-2}\\
&\quad\vdots\\
P_2 &= \frac{B}{B+1} P_1\\[2mm]
P_1 &= \frac{B}{(B+1)^2} V_0\\
\hline
P_n &= \frac{B^n}{(B+1)^{n+1}} V_0
\end{aligned}
$$

問3. 2.0×10^{-5} mol/L

水 1L に 0℃, 1 気圧換算で V [L], V_0 [L] の O_2 が溶けているときの

濃度 [mol/L] は, $\dfrac{V}{22.4}$ [mol/L], $\dfrac{V_0}{22.4}$ [mol/L]

ここで, 式③ $V = \dfrac{B}{B+1} V_0$ より,

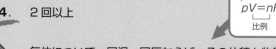

0℃, 1 気圧 $(1.01 \times 10^5$ Pa$)$ において,
1 mol の理想気体は 22.4L となる

$$\frac{V}{22.4} = \frac{B}{B+1} \cdot \frac{V_0}{22.4}$$

となり, **問1**の結果を用いて,

$$\frac{V}{22.4} = \frac{0.049}{0.049+1} \times (4.38 \times 10^{-4} \text{ mol/L})$$

$$= 2.04 \cdots \times 10^{-5} \text{ mol/L}$$

$$\begin{array}{c} \overset{\text{一定}}{\overbrace{\quad\quad}} \\ pV = nRT \\ \underset{\text{比例}}{\underbrace{\quad\quad}} \end{array}$$

問4. 2 回以上

気体について, 同温, 同圧ならば, その体積と物質量は比例することより, 実在気体の体積を 0℃, 1 気圧に換算した値が 0.1 %以下になるまでのくり返し回数を求める。

式⑧ $P_n = \dfrac{B^n}{(B+1)^{n+1}} \cdot V_0$ と $V_n = B \cdot P_n$ より

$$V_n = \frac{B^{n+1}}{(B+1)^{n+1}} \cdot V_0$$

よって,

$$\frac{V_n}{V_0} = \left(\frac{B}{B+1}\right)^{n+1} = 0.0467^{n+1} \leqq \frac{0.1}{100}$$

$n = 1$ $0.0467^2 = 2.18 \cdots \times 10^{-3} > \dfrac{0.1}{100}$

$n = 2$ $0.0467^3 = 1.01 \cdots \times 10^{-4} < \dfrac{0.1}{100}$

よって, 2 回以上となる。

問5. 2.7×10^{-5} mol/L

 ヘンリーの法則より，溶解する気体の物質量はその気体の分圧に比例することから，水 1 L には

$$\frac{1.7\,\text{L}}{22.4\,\text{L/mol}} \times \frac{1}{1\,\text{気圧}} \times \left(1\,\text{気圧} \times \frac{0.035}{100}\right)$$

$$= 2.656\cdots \times 10^{-5}\,\text{mol}$$

溶解している。

問6. $CO_2\,(2.2 \times 10^{-5}\,\text{mol/L})$
$HCO_3^{-}\,(4.9 \times 10^{-6}\,\text{mol/L})$
$H^{+}\,(2.0 \times 10^{-6}\,\text{mol/L})$

 問5より，

$$[CO_2] + [HCO_3^{-}] + [CO_3^{2-}] = 2.66 \times 10^{-5}\,\text{mol/L}———①$$

pH の値より，

$$[H^{+}] = 2.0 \times 10^{-6}\,\text{mol/L}$$

$[H^{+}]$ の値と $\dfrac{[H^{+}][HCO_3^{-}]}{[CO_2]} = 4.5 \times 10^{-7}\,\text{mol/L}$ より，

$$\frac{[HCO_3^{-}]}{[CO_2]} = 0.225———②$$

$[H^{+}]$ の値と $\dfrac{[H^{+}][CO_3^{2-}]}{[HCO_3^{-}]} = 4.7 \times 10^{-11}\,\text{mol/L}$ より，

$$\frac{[CO_3^{2-}]}{[HCO_3^{-}]} = 2.35 \times 10^{-5}———③$$

②，③より

$$[CO_2] : [HCO_3^{-}] : [CO_3^{2-}] = 1 : 0.225 : 5.29 \times 10^{-6}———④$$

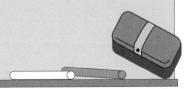

①と④より,

$$[CO_2] = (2.66 \times 10^{-5}\,\text{mol/L}) \times \cfrac{1}{1 + 0.225 + 5.29 \times 10^{-6}}$$

$$= 2.17\cdots \times 10^{-5}\,\text{mol/L}$$

$$[HCO_3{}^-] = (2.66 \times 10^{-5}\,\text{mol/L}) \times \cfrac{0.225}{1 + 0.225 + 5.29 \times 10^{-6}}$$

$$= 4.88\cdots \times 10^{-6}\,\text{mol/L}$$

$$[CO_3{}^{2-}] = [CO_2] \times (5.29 \times 10^{-6}), \quad [OH^-] = \cfrac{1.0 \times 10^{-14}}{[H^+]} より,$$

$[CO_3{}^{2-}]$, $[OH^-]$の値はいずれも 1×10^{-8} より小さな値となる。

水 1 L に CO_2 が C 〔mol〕溶け, $HCO_3{}^-$ と $CO_3{}^{2-}$ を生じたとき,

$$C = [CO_2] + [HCO_3{}^-] + [CO_3{}^{2-}] \quad\text{——①}$$

が成り立つ。ここで, 平衡状態において

$$\frac{[H^+][HCO_3{}^-]}{[CO_2]} = K_{a1} \quad\text{——②}$$

$$\frac{[H^+][CO_3{}^{2-}]}{[HCO_3{}^-]} = K_{a2} \quad\text{——③}$$

とすると, ②より,

$$[HCO_3{}^-] = \frac{K_{a1}}{[H^+]} \cdot [CO_2] \quad\text{——④}$$

また, ③より,

$$[CO_3{}^{2-}] = \frac{K_{a2}}{[H^+]} \cdot [HCO_3{}^-] \quad\text{——⑤}$$

となり, ①, ④, ⑤より,

$$C = [CO_2] + \frac{K_{a1}}{[H^+]} \cdot [CO_2] + \frac{K_{a1} \cdot K_{a2}}{[H^+]^2} \cdot [CO_2]$$

$[CO_2] \neq 0$ より,

$$\frac{C}{[CO_2]} = 1 + \frac{K_{a1}}{[H^+]} + \frac{K_{a1} \cdot K_{a2}}{[H^+]^2}$$

$$= \frac{[H^+]^2 + [H^+] \cdot K_{a1} + K_{a1} \cdot K_{a2}}{[H^+]^2}$$

$$\frac{[CO_2]}{C} = \frac{[H^+]^2}{[H^+]^2 + [H^+] \cdot K_{a1} + K_{a1} \cdot K_{a2}}$$

同様にして,

$$\frac{[HCO_3^-]}{C} = \frac{[H^+]K_{a1}}{[H^+]^2 + [H^+] \cdot K_{a1} + K_{a1} \cdot K_{a2}},$$

$$\frac{[CO_3^{2-}]}{C} = \frac{K_{a1} \cdot K_{a2}}{[H^+]^2 + [H^+] \cdot K_{a1} + K_{a1} \cdot K_{a2}}$$

が得られる。

ここに, $C = 2.66 \times 10^{-5}$ mol/L (**問5**) および $[H^+] = 2.0 \times 10^{-6}$ mol/L を代入すると,

$$\frac{[CO_2]}{C} = \frac{[CO_2]}{2.66 \times 10^{-5}} = 0.8163\cdots$$

$$[CO_2] = 2.2 \times 10^{-5} \text{ mol/L}$$

同様にして,

$$[HCO_3^-] = 4.9 \times 10^{-6} \text{ mol/L}$$

$$[CO_3^{2-}] = 1.2 \times 10^{-10} \text{ mol/L}$$

が得られる。

問7. 4.3 L

　1 気圧の二酸化炭素が接していることから, 水 1 L には 1.7 L の二酸化炭素が溶ける。よって, 加えた 6 L のうち, 1.7 L 溶解し, 残りは, 4.3 L (= 6 L − 1.7 L) となる。

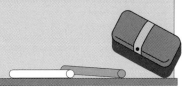

(i) 2.1 L

(ii) Na^+, HCO_3^- 0.10 mol/L

CO_2 7.6×10^{-2} mol/L

(iii) 気体の体積 0 L, pH は小さくなる。

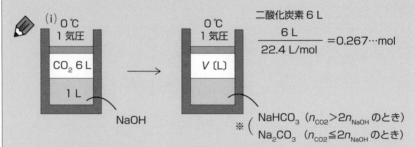

二酸化炭素 6 L

$$\frac{6\,L}{22.4\,L/mol} = 0.267\cdots mol$$

$$※\left(\begin{array}{l} NaHCO_3 \;(n_{CO2} > 2n_{NaOH} \text{のとき}) \\ Na_2CO_3 \;(n_{CO2} \leqq 2n_{NaOH} \text{のとき}) \end{array}\right.$$

反応前の NaOH 0.1 mol/L × 1 L = 0.1 mol, $n_{CO2} = 0.27\cdots mol$

※より, NaOH はすべて $NaHCO_3$ となり,

$$NaOH + CO_2 \longrightarrow NaHCO_3$$

より, 必要な CO_2 は 0.1 mol (2.24 L)。

従って, CO_2 について,

残る体積 = 用意した体積 - 反応する体積 - 溶解する体積

= 6 L - 2.24 L - 1.7 L

= 2.06 L

となる。

(ii) (i)より, この溶液は, 0.1 mol/L $NaHCO_3$ 溶液 1 L に CO_2 を飽和させた溶液と考えてよい。

溶解した CO_2 はほとんど HCO_3^- を生じないと考えてよいので,

$$[CO_2] = \frac{1.7\,L}{22.4\,L/mol} \times \frac{1}{1\,L}$$

十分な濃度の HCO_3^- が存在するため, $CO_2 + H_2O \longrightarrow HCO_3^- + H^+$ の反応は生じにくい

$$= 0.07589\cdots mol/L$$

となり,

$$\frac{[H^+]\,[HCO_3^-]}{[CO_2]} = [H^+] \times \frac{0.1}{0.0759} = 4.5 \times 10^{-7}\,mol/L$$

$$[H^+] = 3.415\cdots \times 10^{-7}\,mol/L > 1 \times 10^{-7}\,mol/L$$

また,

$$\frac{[H^+][CO_3^{2-}]}{[HCO_3^-]} = \frac{3.42 \times 10^{-7}}{0.1} \times [CO_3^{2-}] = 4.7 \times 10^{-11}\,mol/L$$

$$[CO_3^{2-}] = 1.374\cdots \times 10^{-5}\,mol/L$$

以上より,

$$[Na^+] = [HCO_3^-] = 0.1\,mol/L$$

$$[CO_2] \fallingdotseq 0.0759\,mol/L$$

$[H^+] = 3.4\cdots \times 10^{-7}$ より, pH は約6。
よって, pOH は約8となり,
$1 \times 10^{-8} < [OH^-] < 1 \times 10^{-7}$
となる

(iii)

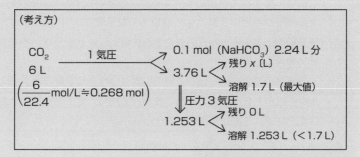

(考え方)

CO₂ 1気圧 → 0.1 mol (NaHCO₃) 2.24 L 分
6 L 3.76 L 残り x (L)
$\left(\frac{6}{22.4}\,mol/L \fallingdotseq 0.268\,mol\right)$ 溶解 1.7 L (最大値)

圧力3気圧
1.253 L 残り 0 L
溶解 1.253 L (<1.7 L)

NaOHと反応した残りのCO_2を水1Lに加えたと考えればよい。このとき,圧力を3気圧としているため,加えたCO_2の体積は1.253 Lとなる。ヘンリーの法則より,溶解する気体の体積は圧力によらず一定であり,1.7Lまで溶けることがわかる。よって,CO_2はすべて溶解する。溶解したCO_2の物質量が大きくなるため,

$$CO_2 + H_2O \rightleftharpoons H^+ + HCO_3^-$$

の平衡は右へ移動し,$[H^+]$が大きくなり,pHの値は小さくなる。

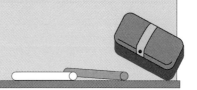

16 凝固点降下1 ——————————————— ● 解答解説

問1. a：過冷却の状態となっているため，液体として存在している。
b〜c：液体と固体が共存している。
d：固体として存在している。

問2. 冷却することによって，液体から固体への発熱変化が生じる。この発熱
と冷却による熱の移動がつり合っているため。

　固体に熱を加える場合を考えると，固体の粒子の熱運動が激しくなり，
その様子は温度の上昇として現れる。粒子間には引力が働いているため，
熱運動のエネルギーがこの引力をふり切るには不十分なときには物質は固
体のままである。
　熱運動のエネルギーが粒子間の引力とつり合う温度では，加えた熱エネ
ルギーは引力をふり切るために使われるため，粒子の熱運動のエネルギー
は変化せず，そのため温度も変化しない。

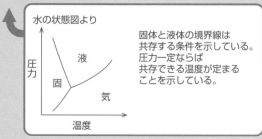

水の状態図より

固体と液体の境界線は
共存する条件を示している。
圧力一定ならば
共存できる温度が定まる
ことを示している。

圧力

液
固
気

温度

問3. 水だけが凝固するので，溶媒の量が減少しても溶質の量は変化せず，溶
液が飽和するまでは溶液の濃度が高くなる。そのため，冷却にともない溶
液の濃度が大きくなり，温度が下がっていく。

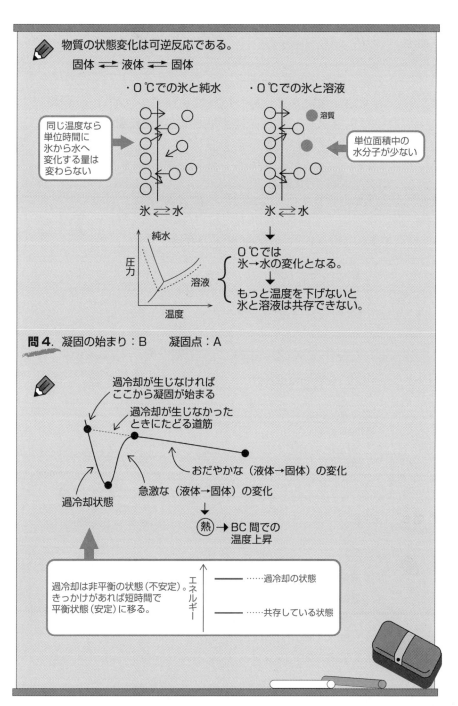

物質の状態変化は可逆反応である。

固体 ⇄ 液体 ⇄ 固体

・0℃での氷と純水   ・0℃での氷と溶液

溶質

同じ温度なら
単位時間に
氷から水へ
変化する量は
変わらない

単位面積中の
水分子が少ない

氷 ⇄ 水   氷 ⇄ 水

純水

圧力

溶液

温度

0℃では
氷→水の変化となる。
↓
もっと温度を下げないと
氷と溶液は共存できない。

問4. 凝固の始まり：B   凝固点：A

過冷却が生じなければ
ここから凝固が始まる

過冷却が生じなかった
ときにたどる道筋

おだやかな（液体→固体）の変化

過冷却状態

急激な（液体→固体）の変化

熱 → BC間での
温度上昇

過冷却は非平衡の状態（不安定）。
きっかけがあれば短時間で
平衡状態（安定）に移る。

エネルギー

—— ……過冷却の状態

—— ……共存している状態

65

問5. 2.75×10^{-1} mol/kg

$CaCl_2 \cdot 2H_2O$ のモル質量は、

$$40.1 + 35.5 \times 2 + 2 \times (1.0 \times 2 + 16.0) = 147.1 \,(g/mol)$$

よって、$CaCl_2 \cdot 2H_2O$ 4.10g 中の $CaCl_2$ の物質量は

$$4.10 \, g \times \frac{111.1 \, g/mol}{147.1 \, g/mol} \times \frac{1}{111.1 \, g/mol} = \frac{4.10}{147.1} \, mol$$

となり、結晶水の質量は、

$$4.10 \, g \times \frac{2 \times 18.0 \, g/mol}{147.1 \, g/mol} = \frac{4.10 \times 36.0}{147.1} \, g$$

となる。以上より、この溶液の質量モル濃度は、

$$\frac{\dfrac{4.10}{147.1} \, mol}{100 \, g + \dfrac{4.10 \times 36.0}{147.1}} \times 10^3 \, g/kg$$

$$= \frac{4.10}{14710 + 4.10 \times 36.0} \times 10^3 \, mol/kg \left(= \frac{4.10 \times 10^3}{1485.6} \right)$$

$$= 0.2751 \cdots \, mol/kg$$

> 4桁で計算すると
> $$\frac{4.10 \times 10^3}{14710 + 4.10 \times 36.0} = \frac{4.10 \times 10^3}{14860} = 0.2759\cdots$$
> よって、0.276, 0.275 のいずれも正解とする

問6. 1.53 K

 $\Delta t = k_f \times C$

k_f：溶媒のモル濃度

C：溶質粒子（分子、イオン）の質量モル濃度
（＝溶液の質量モル濃度×電離度）

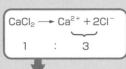

$\Delta t = 1.85 \, K \cdot kg/mol \times (2.75 \times 10^{-1} \, mol/kg \times \underline{3})$

$= 1.526 \cdots \, K$

問7. 凝固点降下度は，溶液中の溶質のモル分率に比例する。希薄溶液では，溶液の物質量は溶媒の物質量とほぼ等しい。よって，凝固点降下度は一定量の溶媒に溶けている溶質の物質量に比例するとみなすことができるから。

希薄溶液の蒸気圧降下について考える。

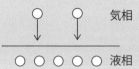

気相から液相の単位面積に単位時間内に移る分子数は気相の圧力に比例し，液相の単位面積から単位時間内に気相に移る分子数は気相の単位面積内の分子数に比例すると考えてよい。

よって，平衡状態にある気相の圧力を P，液相の単位面積に存在する分子数を n とすると，

$P = kn$　　k：比例定数

となる。ここで液相が純物質のときの P の値，n の値を P_0，n_0 とする。液相が溶液の場合の P の値，n の値を P_s，n_s とすると，

$$\frac{P_S}{P_0} = \frac{n_S}{n_0}$$

となり，

$$P_s = P_0 \cdot \frac{n_S}{n_0}$$

従って，

$$P_0 - P_S = P_0 \times \frac{n_0 - n_S}{n_0}$$

となり，ここで，溶媒粒子と溶質粒子の数の和が一定と仮定すると，$(n_0 - n_S)$ は溶質粒子の数となる。また，希薄溶液の溶媒粒子の個数は $n_S \fallingdotseq n_0$ とみなせることから，

$$P_0 - P_S = P_0 \times \frac{n_0 - n_S}{n_S}$$

となり，溶媒のモル質量を M とすると，

$$P_0 - P_S = (P_0 \times M) \times \frac{n_0 - n_S}{M \times n_S}$$

が得られ，蒸気圧降下度は溶液の質量モル濃度に比例することが導かれる。

67

17 凝固点降下2 ————————————— ● 解答解説

問1. 2.20×10² ◀ 分子量は質量の比の値なので単位はつかない

 A の見かけの分子量を M とすると，次式が成り立つ。

$$0.233\,K = 5.12\,K \cdot kg/mol \times \left(\frac{1.000\,g}{M\,(g/mol)} \times \frac{10^3\,g/kg}{100\,g} \right)$$

これを解いて，

$M = 219.7\cdots$

> $\Delta t_f = k_f \times C$
> Δt_f ： 凝固点降下度
> k_f ： モル凝固点降下
> C ： 溶質粒子の質量モル濃度

問2. $C_7H_6O_2$

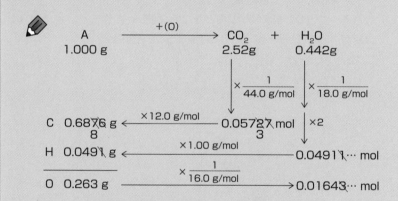

以上より，A を構成する C，H，O の原子数の比は，

C：H：O ＝ 0.0573 ： 0.0491 ： 0.0164

＝ 3.493… ： 2.993… ： 1

＝ 6.98 ： 5.98 ： 2
  7   6

酸素原子の数が最小となるため，酸素原子数の何倍かを求める

カルボキシ基を1つ持つことから，酸素原子数を2とした

よって，A の分子式は $C_7H_6O_2$ となり，分子量の値は 122，二量体では 244 となり，220 に近い値が得られる。

もし，酸素原子が 3 だと仮定すると，

C：H：O＝10.479：8.979：3

となり，$C_{10}H_9O_3$ とすると分子量 177，二量体では 354 となり，あまり二量体を形成しないことになる。

$C_7H_6O_2$ の構造を考える。不飽和度の値を求めると，

$$\frac{(2 \times 7 + 2) - 6}{2} = 5$$

となる。カルボキシ基を 1 つもつため，カルボキシ基以外の構造は<u>不飽和度 4</u> となり，ベンゼン環が予想される。この予想に基づくと，

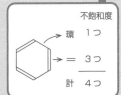

が考えられる構造となる。

問3. 89.1 %

1 mol の A から x〔mol〕が二量体 A_2 を形成したとする。変化の様子を表で表すと次のようになる。

	2A $\longrightarrow$	A_2	計
初め	1	0	1
変化分	$-x$	$+\dfrac{1}{2}x$	$-\dfrac{1}{2}x$
後	$1-x$	$\dfrac{1}{2}x$	$1-\dfrac{1}{2}x$

A の分子量 122，二量体の分子量 244，見かけの分子量 220 より，

$$(1-x) \times 122 + \frac{1}{2}x \times 244 = (1 - \frac{1}{2}x) \times 220$$

これを解いて，$x = 0.8909\cdots$

（別解）1 mol の A は 122 g である。また，化学反応では質量保存則が成り立つので，1 mol の A から生じた A とその二量体の質量和は 122 g となる。よって，$(1 - \dfrac{1}{2}x) \times 220 = 122$ が成り立ち，これを解いて，$x = 0.8909\cdots$

18 反応速度 ———————————————— ● 解答解説

問1. 1.4 mol

屈折率 $\left\{\begin{array}{ll} 水 & 1.33 \\ グリセリン & 1.47 \end{array}\right.$

$Y = 80\ cm$ のときの溶液の屈折率は図2より，1.36 である。

求めるグリセリンの物質量を n〔mol〕，水のモル比を X_1，グリセリンのモル比を X_2 とすると，

$$X_1 = \frac{5}{5+n},\ X_2 = \frac{n}{5+n}$$

となり，溶液の屈折率 1.36 は，

$$1.36 = 1.33 \times \frac{5}{5+n} + 1.47 \times \frac{n}{5+n}$$

となる。これを解いて

$$n = 1.363\cdots$$

問2. ㋐ 増加する ㋑ 触媒
㋒ 活性化エネルギー ㋓ エステル化

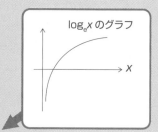

図3より，

① 反応が進むにともなって，ΔY の値が小さくなる
 ⇒ΔY の値が小さくなる速さが大きい
  ‖
  反応(1)の反応速度が大きい

② 過塩素酸 $HClO_4$ は強酸（電離度 $\alpha = 1$）
 ⇒滴下数が多いほど，$[H^+]$ の値が大きい

③ 時刻 0 における $\log_e \Delta Y$ の値が同じ
 ⇒時刻 0 での各物質の濃度は同じ

④ 反応前後で pH が同じ
 ⇒H^+ は反応で消費されない

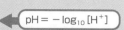
$pH = -\log_{10}[H^+]$

あ　①, ②より, $HClO_4$ の滴下数が多いほど速く⊿Yが小さくなる。

⇒　H^+の濃度が高いほど, 反応速度は大きい。

い　反応速度に$[H^+]$の値が影響しているが, 反応が進んでも, H^+は増加も減少もしない。

⇒　触媒の特徴

う　反応速度は活性化エネルギーが大きいと遅く, 小さいと速い。

え　エステル化, アミド化, エステルやアミド, 酸無水物の加水分解反応ではH^+が触媒となる。

反応容器内のグリシドール, グリセリン, 水の物質量をそれぞれ, m_3, m_2, m_1とし, また, それぞれの屈折率をn_3, n_2, n_1とすると, 溶液の屈折率nは,

$$n = n_3 \times \frac{m_3}{m_3 + m_2 + m_1} + n_2 \times \frac{m_2}{m_3 + m_2 + m_1}$$

$$+ n_1 \times \frac{m_1}{m_3 + m_2 + m_1}$$

と表される。

ここで, $(m_3 + m_2 \ll m_1)$が成り立つなら,

$$m_3 + m_2 + m_1 \fallingdotseq m_1$$

とおけるので,

$$n = n_3 \times \frac{m_3}{m_1} + n_2 \times \frac{m_2}{m_1} + n_1$$

と近似できる。ここで,

$$\frac{m_3}{m_1} = \frac{m_3}{m_1 \times 18} \times 18$$

$$\boxed{\frac{溶質（グリシドール）の質量}{溶媒（水）の質量} = \frac{m_3}{m_1 \times 18}}$$

より, $\dfrac{m_3}{m_1}$はグリシドールの質量モル濃度に比例する。よって, nはグリシドールとグリセリンのそれぞれの質量モル濃度の一次関数となる。

グリシドールやグリセリンの水への溶解による体積変化が無視できるとき, 質量モル濃度とモル濃度は比例する。

次の式

$$\log_e y = ax + b \text{————①}$$

について，その特徴をみてみる。

$$y = e^{ax+b}$$
$$= e^b \cdot e^{ax}$$

ここで，$x = x_1$ のときに $y = y_1$，$x = x_2$ のときに $y = \dfrac{1}{2}y_1$ とすると，

$$y_1 = e^b \cdot e^{ax_1} \text{————①}$$

$$\frac{1}{2}y_1 = e^b \cdot e^{ax_2} \text{————②}$$

$\dfrac{①}{②}$ は，$2 = \dfrac{e^{ax_1}}{e^{ax_2}} = e^{a(x_1 - x_2)}$ ————②

となる。すなわち，$(x_1 - x_2)$ の間隔で y の値が半分もしくは2倍となる。

よって，y を反応物質の量，x を反応時間とすると，y の量が半減するために必要な時間（半減期）が一定である反応は，①式で表される。

問3. (a) グリシドールの酸性溶液中での開環反応の反応速度は温度が高い程大きな値である。（38字）

(b) 温度が高い程，分子の運動エネルギーの分布がより大きなエネルギーの方に広がり，活性化エネルギー以上のエネルギーを持つ分子の数が増加するため，単位時間あたりに反応する分子の数が増加する。（91字）

(a) 実験結果を問うているので，図4のグラフが示していることを記す。

(b) なぜこのような結果が得られるのか，その理由を確立された法則や分子運動などの視点で説明する。

> 「化学反応は運動している粒子（分子，イオン）が衝突することで生じる」という視点で，反応速度や化学平衡を理解しよう

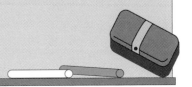

問1. (ア) $\dfrac{K_a}{[H^+]+K_a}$ or $\dfrac{1}{\dfrac{[H^+]}{K_a}+1}$

(イ) 2.0 (ウ) 減少 (エ) 3.5 (オ) 0.67 (カ) 1.0

(ア) 酢酸の濃度を C〔mol/L〕とすると，次式が成り立つ。

$\underline{C = [CH_3COOH] + [CH_3COO^-]}$ ── ①

また，

$K_a = \dfrac{[H^+][CH_3COO^-]}{[CH_3COOH]}$ より，

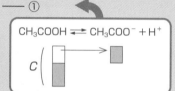

$[CH_3COOH] = \dfrac{[H^+]}{K_a} \cdot [CH_3COO^-]$ ── ②

となり，式①と式②より，

$C = \dfrac{[H^+]}{K_a} \cdot [CH_3COO^-] + [CH_3COO^-]$

$= \left(\dfrac{[H^+]}{K_a} + 1\right)[CH_3COO^-] = \dfrac{[H^+]+K_a}{K_a} \cdot [CH_3COO^-]$

$\dfrac{[CH_3COO^-]}{C} = \dfrac{K_a}{[H^+]+K_a}$

が得られ，この $\dfrac{[CH_3COO^-]}{C}$ の値は α に等しいことより，

$\alpha = \dfrac{K_a}{[H^+]+K_a}$

$= \dfrac{1}{\dfrac{[H^+]}{K_a}+1}$ ── ③

α は CH_3COOH 分子のうち
電離する割合を示すもので
CH_3COO^- の比率を示すものではない

となる。

(イ) 0.01 mol/L の塩酸では [H$^+$] ＝0.01 であり，pH 2 となる。この値を先の式③に代入すると，

$$\alpha = \cfrac{1}{\cfrac{1\times10^{-2}}{2.0\times10^{-5}}+1} = 0.001996\cdots$$

となり，αはほぼ 0 である。

> $\alpha = \cfrac{K_a}{10^{-pH}+K_a}$
> のグラフが図 2 である

(オ) pH 5 では

$$\alpha = \cfrac{1}{\cfrac{1\times10^{-5}}{2.0\times10^{-5}}+1} = 0.666\cdots$$

(カ) pH 8（滴下した NaOH 水溶液が 20 mL のとき）では

$$\alpha = \cfrac{1}{\cfrac{1\times10^{-8}}{2.0\times10^{-5}}+1} = 0.9995\cdots$$

塩酸の 99 ％が中和したときの混合溶液の pH は残っている塩酸で決まると仮定し，このときの酢酸の電離度を求める。中和する前の HCl の物質量は，

$$0.01 \text{ mol/L} \times \frac{10 \text{ mL}}{10^3 \text{ mL/L}} = 1\times10^{-4} \text{ mol}$$

である。その 99 ％を中和する水酸化ナトリウム水溶液の体積 V〔mL〕は，

$$0.01 \text{ mol/L} \times \frac{V}{10^3 \text{ mL/L}} = 1\times10^{-4} \times \frac{99}{100}$$

$V = 9.9$ mL となり，このときの混合溶液の [H$^+$] の値は，

$$(1\times10^{-4} \text{ mol}) \times \frac{100-99}{100} \times \frac{1}{10 \text{ mL} + 9.9 \text{ mL}} \times 10^3 \text{ mL/L}$$

$$= 5.025\cdots \times 10^{-5} \text{ mol/L}$$

となる。この値を式③に代入すると

> 塩酸がほぼ中和されるときには
> 酢酸の一部も中和されている

$$\alpha = \cfrac{1}{\cfrac{5.0\times10^{-5}}{2.0\times10^{-5}}+1} = 0.2857\cdots$$

が得られ，混合溶液の pH の値には酢酸の電離による寄与が無視できないことがわかる。

問2. (b)

　　本文の 2) と 3) より，水酸化ナトリウム水溶液を 10 mL 滴下したあたりから酢酸の電離が生じ始め，20 mL 滴下したところで電離が終了することがわかる。このことに一致するグラフは(b)もしくは(d)である。

　　ここで，B の領域が酢酸と酢酸ナトリウムの緩衝溶液であることから，中和によって生じた酢酸ナトリウム CH_3COONa の物質量は電離した酢酸の物質量に等しい。よって，この溶液に含まれる酢酸 CH_3COOH の物質量を n_a〔mol〕，中和によって生じた酢酸ナトリウム CH_3COONa の物質量を n_s〔mol〕と表すと，電離度の定義より

$$\alpha = \frac{n_s}{n_a + n_s}$$

> NaClは，強酸と強塩基の塩なので水溶液の液性には関与しない

となり，ここで，$(n_a + n_s)$〔mol〕は，滴定前の溶液に含まれていた酢酸の物質量に等しく，一定値である。この値を n_0〔mol〕と表すと

$$\alpha = \frac{n_s}{n_0}, \quad 0 \leq n_s \leq n_0$$

が得られ，電離度 α が n_s の値に比例することがわかる。すなわち，電離度 α は，塩酸の中和の後に加えた水酸化ナトリウム水溶液の体積に比例する。したがって，適するグラフは(b)である。

　　なお，混合溶液の体積を V〔mL〕と表すと

$$K_a = \frac{[H^+][CH_3COO^-]}{[CH_3COOH]}$$

より，

$$[H^+] = K_a \times \frac{[CH_3COOH]}{[CH_3COO^-]} = K_a \times \frac{\dfrac{n_a}{V}}{\dfrac{n_s}{V}} = K_a \times \frac{n_a}{n_s}$$

となり，$[H^+] = K_a \times \dfrac{n_a}{n_s}$ を**問1** (ア)の式に代入することでも

$$\alpha = \frac{n_s}{n_0}$$

は導かれる。

問3. Ⓐ $HCl + NaOH \longrightarrow NaCl + H_2O$

Ⓑ $CH_3COOH + NaOH \longrightarrow CH_3COONa + H_2O$

理由 NaOH 水溶液の滴下量が 10 mL までは，混合溶液の pH の値が低く，酢酸の電離の程度は小さいため，主に塩酸の中和反応が生じ，10 mL 以後では塩酸は中和されていて，酢酸の中和反応が生じるから。

酢酸の電離度 α は，酢酸の電離定数を K_a，$[H^+]$ を 10^{-pH} とすると次式で求められる。

$$\alpha = \frac{1}{\dfrac{1 \times 10^{-pH}}{K_a} + 1}, \quad K_a = 2.0 \times 10^{-5}$$

図 1 より，Ⓐの領域は $2 < pH < 3.5$ である。

ここで，pH2，pH3，pH4 での α を求める。

$$pH2 \rightarrow \alpha = \frac{1}{\dfrac{1 \times 10^{-2}}{2.0 \times 10^{-5}} + 1} = 0.00199\cdots$$

$pH3 \rightarrow \alpha = 0.0196\cdots$

$pH4 \rightarrow \alpha = 0.1666\cdots$

一方，図 2 より，pH 3.5 のときの酢酸の電離度は，0.05 程度である。

よって，酢酸は NaOH 水溶液の滴下量 10 mL の少し前から電離が始まり，10 mL 以後，電離度が大きくなっていく。

20　金属の性質 ──────────────────── ● 解答解説

問1. 　M1：Zn, M2：Fe, M3：Al, M4：Pb, M5：Cu

✎　① 　実験1から実験4の結果を表で示す。

実験	M1	M2	M3	M4	M5
高温水蒸気と反応	○	○	○	×	×
濃 HNO_3 と反応	○	×	×	○	○
希 HCl と反応	○	○	○	↓	×
H_2S（pH 7）と陽イオンの反応	↓白	↓黒	×	↓黒	↓黒

○：反応する　×：反応しない　↓：沈殿

② 　イオン化傾向と反応性

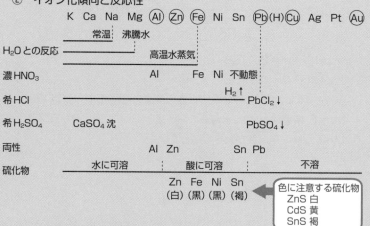

③ 　①の結果に②の情報を適用する。

問2. 不動態

Al，Fe，Ni，Cr などの単体において，酸化によって表面にち密な酸化物被膜が生成することにより，内部まで腐食が進まない状態。

問3. $Cu + 4HNO_3 \longrightarrow Cu(NO_3)_2 + 2NO_2 + 2H_2O$

① Cu の還元剤としての反応式　$Cu \longrightarrow Cu^{2+} + 2e^-$

② HNO_3 の酸化剤としての反応式

$$\underline{HNO_3 + e^- + H^+ \rightarrow NO_2 + H_2O}$$

濃 HNO_3 なので
電離度は大きくない

反応式の作り方
① $HNO_3 + e^- + H^+ \longrightarrow NO_2 + H_2O$
② N の酸化数をみて，e^- の係数を決める
　$HNO_3 + e^- + H^+ \longrightarrow NO_2 + H_2O$
　(+5)　↑1　　　　　　　　　(+4)
③ H の数を合わせる
　$HNO_3 + e^- + H^+ \longrightarrow NO_2 + H_2O$
　　　　　　↑1

③ ①と②より，イオン反応式は，

$$Cu + \underline{2HNO_3} + \underline{2H^+} \longrightarrow Cu^{2+} + 2NO_2 + 2H_2O$$

となる。よって，反応式は，

$$Cu + \underline{4HNO_3} \longrightarrow Cu(NO_3)_2 + 2NO_2 + 2H_2O$$

H^+は HNO_3 からきている。
$2HNO_3 + 2HNO_3$

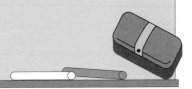

問4. ZnS, FeS

 イオン化傾向と硫化物の溶解性の関係

K　Ca　Na　Mg　Al　Zn　Fe　Ni　Sn　Pb（H）Cu　Ag

水に可溶　　　　　酸性条件で可溶　　　酸性条件でも不溶
（溶解度極大）　　　　⇓　　　　　（溶解度極小）
　　　中，塩基性で［S^{2-}］の値が
　　　大きくなったときに沈殿する。

硝酸などの酸化剤は S^{2-} を酸化するため，CuS なども溶解する

80

問5. $Zn(OH)_2 + 2OH^- \longrightarrow [Zn(OH)_4]^{2-}$

実験4から5の変化を次の図に示す（Mは金属）。

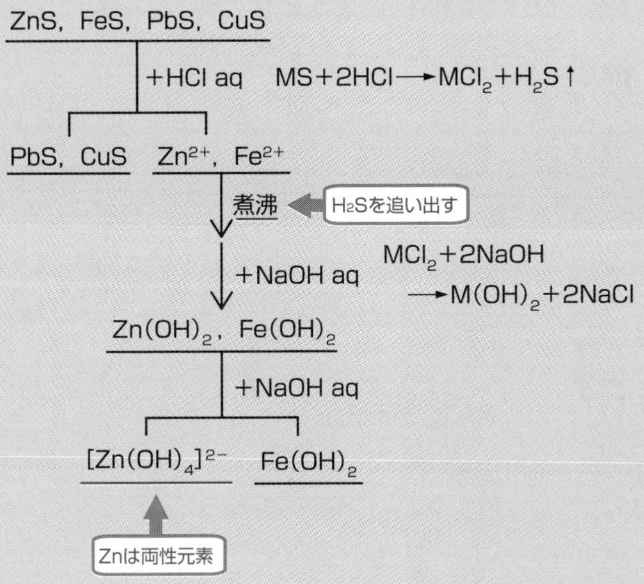

ZnS，FeS，PbS，CuS
──────────────────────
　　　　+HCl aq　　MS+2HCl ─→ MCl$_2$+H$_2$S↑
　┌──────────┴──────────┐
PbS，CuS　　Zn^{2+}，Fe^{2+}
───────────　──────────
　　　　　　　　　↓ 煮沸 ◀── H₂Sを追い出す
　　　　　　　　　　　　　　　MCl$_2$+2NaOH
　　　　　　+NaOH aq
　　　　　　　↓　　　　　　　─→ M(OH)$_2$+2NaCl
Zn(OH)$_2$，Fe(OH)$_2$
──────────────────
　　　　　+NaOH aq
　┌──────────┴──────────┐
[Zn(OH)$_4$]$^{2-}$　　Fe(OH)$_2$
──────────────　────────
　　　↑
　　Znは両性元素

21 金属イオンの分析1 ────────── ● 解答解説

 図を描くとわかりやすい。

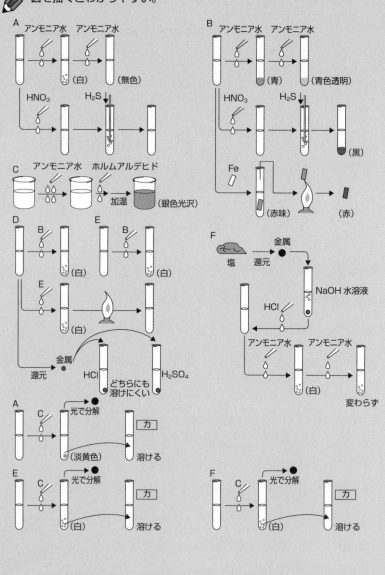

問1. ア 4 イ 2 問2. ウ 2 問3. エ 2 オ 1

問4. 1 問5. 3 問6. 4

問7. A 6 B 1 C 1 D 5 E 1 F 3

　　どのように判断していくのかをたどってみよう。なお，（　）内の数字は本文の何行目かを示す。

(1)　A の水溶液にアンモニア水を加えると白い沈殿が生じたことより，沈殿は $Al(OH)_3$，$Pb(OH)_2$，$Zn(OH)_2$ のいずれかである。
　　注）　Ag^+ は Ag_2O の褐色沈殿を生じ，Ba^{2+} はアルカリ土類金属なので沈殿しない。
　　B の水溶液にアンモニア水を加えると青色の沈殿を生じたことより，沈殿は $Cu(OH)_2$ であることがわかる。

(2), (3)　過剰のアンモニア水に溶解したことより A では $[Zn(NH_3)_4]^{2+}$（無色）が生じ，B では $[Cu(NH_3)_4]^{2+}$（濃青色）が生じた。

(4), (5)　酸性条件で H_2S を加えて沈殿する主なものは，SnS，PbS，CuS，Ag_2S なので，あてはまる沈殿は CuS である。

(5), (6), (7)　金属樹が生じたことより，Fe よりもイオン化傾向が小さく単体が赤色のものとなり，あてはまるのは Cu だけである。以上より，B は Cu^{2+} を含み，Cu の酸化物で赤色なのは Cu_2O である（フェーリング反応で生ずる沈殿はこの物質）。

(7), (8), (9)　銀鏡反応が生じたことを示している。この反応はアンモニア性硝酸銀水溶液とアルデヒドとの反応である。よって，C は Ag^+ を含むことがわかる。

(9), (10)　D・E には，Al^{3+}，Ba^{2+}，Pb^{2+} のいずれかが含まれる。B を加えることで白色沈殿が生じたので，B には $SO_4{}^{2-}$ が，D・E には Ba^{2+}，Pb^{2+} が含まれていることがわかる。

(10), (11), (12)　D に E を加えて得られる白色沈殿が熱水に溶けることから $PbCl_2$ と考えられる。よって，D，E は，$BaCl_2$ と $Pb(NO_3)_2$ のいずれかである。
　　注）　$Pb(NO_3)_2$ ではなく，酢酸鉛の可能性もある。

(12)　金属 Ba は水と反応するので，D から得られる金属は Pb となる。$PbCl_2$，$PbSO_4$ は白色沈殿である。よって，Pb ならば塩酸や硫酸には溶けない。このことより，D には Pb^{2+} が含まれていることがわかる。

(13), (14)　Ag^+ と淡黄色沈殿を生じるのは Br^-，白色沈殿を生じるのは Cl^- であり，光によって分解することから AgBr，AgCl であることがわかる。

(15)　ハロゲン化銀のうち，水に溶けないのは，AgCl，AgBr，AgI である。このうち，アンモニア水に錯イオン $[Ag(NH_3)_2]^+$ を作って溶けやすいのは AgCl のみである。この 3 つと錯イオンを作りやすいのは $Na_2S_2O_3$ であり，銀塩写真の定着に使用された。
　　以上より　A（$ZnBr_2$），B（$CuSO_4$）
　　　　　　　C（$AgNO_3$（多分）），D（$Pb(NO_3)_2$（多分））
　　　　　　　E（$BaCl_2$））
となり，F には $AlCl_3$ が含まれることになるが，このことは(16)とは矛盾しない。

(16), (17), (18)　Al は水酸化ナトリウム水溶液と

$$2Al + 2NaOH + 6H_2O \longrightarrow 2Na[Al(OH)_4] + 3H_2 \uparrow$$

の反応を生じて溶解し，塩酸を加えると，$AlCl_3$ となる。これにアンモニア水を加えて弱塩基性とすると，$Al(OH)_3$ が沈殿し，この沈殿はアンモニア水に溶解しない。

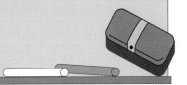

実験１から３の流れ

1.

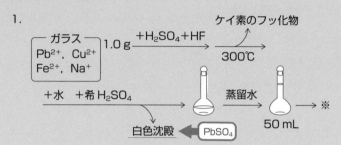

2.

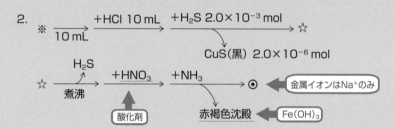

3.

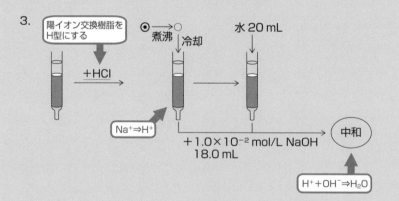

問ア. $SiO_2 + 6HF \longrightarrow H_2SiF_6 + 2H_2O$ or $SiO_2 + 4HF \longrightarrow SiF_4 + 2H_2O$

フッ化水素酸もヘキサフルオロケイ酸も取り扱いに注意が必要な物質。気化する物質は SiF_4、H_2SiF_6 は水に溶解している。

$2HF + SiF_4 \longrightarrow H_2SiF_6$

問イ. $PbSO_4$

ガラスが溶解したときに生じる金属イオン

$\underline{Pb^{2+}, Cu^{2+}, Fe^{2+}, Na^+}$

このうち、硫酸イオンによって沈殿を生じるもの

$Pb^{2+} + SO_4^{2-} \longrightarrow PbSO_4\downarrow$

> 水和したイオンの色
> Pb^{2+} 無色
> Cu^{2+} 青色
> Fe^{2+} 淡緑色
> Na^+ 無色

> 水に難溶の硫酸塩
> $CaSO_4$, $BaSO_4$
> $SrSO_4$, $PbSO_4$ など

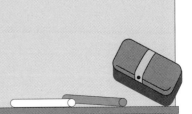

問ウ. $\alpha = \dfrac{K_{a_1} \cdot K_{a_2}}{[H^+]^2 + [H^+] \cdot K_{a1} + K_{a_1} \cdot K_{a_2}}$

$\underline{K_{a1}} = \dfrac{[H^+][HS^-]}{[H_2S]}$ $\qquad \underline{K_{a2}} = \dfrac{[H^+][S^{2-}]}{[HS^-]}$ $\qquad \boxed{\begin{array}{l} K_{a_1} \neq 0 \\ K_{a_2} \neq 0 \end{array}}$

$K_{a_1} \cdot K_{a_2} = \dfrac{[H^+]^2[S^{2-}]}{[H_2S]}$ $\qquad [HS^-] = \dfrac{[H^+][S^{2-}]}{K_{a_2}}$

$[H_2S] = \dfrac{[H^+]^2[S^{2-}]}{K_{a_1} \cdot K_{a_2}}$

$[H_2S]_{total} = [H_2S] + [HS^-] + [S^{2-}]$

$\qquad = \dfrac{[H^+]^2[S^{2-}]}{K_{a_1} \cdot K_{a_2}} + \dfrac{[H^+][S^{2-}]}{K_{a_2}} + \underline{[S^{2-}]}$ $\qquad \boxed{[S^{2-}] \neq 0}$

$\dfrac{[H_2S]_{total}}{[S^{2-}]} = \dfrac{[H^+]^2}{K_{a_1} \cdot K_{a_2}} + \dfrac{[H^+]}{K_{a_2}} + 1$

$\qquad = \dfrac{[H^+]^2 + [H^+] \cdot K_{a_1} + K_{a_1} \cdot K_{a_2}}{K_{a_1} \cdot K_{a_2}}$

$\therefore \quad \dfrac{[S^{2-}]}{[H_2S]_{total}} = \dfrac{K_{a_1} \cdot K_{a_2}}{[H^+]^2 + [H^+] \cdot K_{a_1} + K_{a_1} \cdot K_{a_2}}$

問エ.

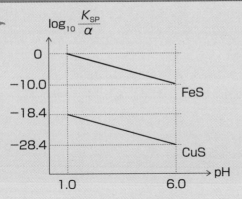

$$\alpha = \frac{K_{a_1} \cdot K_{a_2}}{[H^+]^2 + [H^+] \cdot K_{a_1} + K_{a_1} \cdot K_{a_2}}$$

$$= \frac{1.0 \times 10^{-21}}{[H^+]^2 + 1.0 \times 10^{-7} \times [H^+] + 1.0 \times 10^{-21}}$$

CuS の場合

$$\frac{K_{sp(CuS)}}{\alpha} = \frac{4.0 \times 10^{-38} \times ([H^+]^2 + 1.0 \times 10^{-7} \times [H^+] + 1.0 \times 10^{-21})}{1.0 \times 10^{-21}}$$

$$= 4.0 \times 10^{-17} \times ([H^+]^2 + 1.0 \times 10^{-7} \times [H^+] + 1.0 \times 10^{-21})$$

ここで，pH 6 のとき，$[H^+] = 1 \times 10^{-6}$ より，

$$[H^+]^2 = 1 \times 10^{-12}$$

$$1.0 \times 10^{-7} \times [H^+]$$

$$= (1.0 \times 10^{-7}) \times (1 \times 10^{-6}) = 1 \times 10^{-13}$$

より，<u>pH < 6 において，</u>

$$\frac{K_{sp(CuS)}}{\alpha} = 4.0 \times 10^{-17} \times [H^+]^2$$

とみなすことにする。

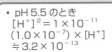

- pH 5.5 のとき
  $[H^+]^2 = 1 \times 10^{-11}$
  $(1.0 \times 10^{-7}) \times [H^+]$
  $\fallingdotseq 3.2 \times 10^{-13}$
- pH 5.8 のとき
  $[H^+]^2 \fallingdotseq 2.5 \times 10^{-12}$
  $(1.0 \times 10^{-7}) \times [H^+]$
  $\fallingdotseq 1.6 \times 10^{-13}$
よって，pH 6 の近くでは
約 10 倍しか違わないが
十分な差と考える

よって，$\log\left(\dfrac{K_{sp(CuS)}}{\alpha}\right) = -(2 \times pH + 16.4)$

同様にして，FeS については，

$$\log\left(\frac{K_{sp(FeS)}}{\alpha}\right) = -(2 \times pH - 2) \quad となる。$$

問オ. pH ≦ 3.2

 FeS が沈殿しない条件

$$[Fe^{2+}] \times [S^{2-}] \leqq 1.0 \times 10^{-19} \, (= K_{sp(FeS)})$$

ここで，$[Fe^{2+}] = 4.0 \times 10^{-4}$ より，

$$[S^{2-}] \leqq \frac{1}{4} \times 10^{-15} \quad \text{——①}$$

一方，$[S^{2-}] = \alpha \, [H_2S]_{total}$

$$[H_2S]_{total} = \frac{2.0 \times 10^{-3}}{10 + 10} \times 10^3$$

> 溶液 10 mL
> ＋
> 塩酸 10 mL

$$= 1.0 \times 10^{-1}$$

> $[H^+]^2 \gg K_{a1} \cdot [H^+]$
> $[H^+]^2 \gg K_{a1} \cdot K_{a2}$ と仮定

$$\alpha = \frac{K_{a1} \cdot K_{a2}}{[H^+]^2 + K_{a1}[H^+] + K_{a1} \cdot K_{a2}} \doteqdot \frac{K_{a1} \cdot K_{a2}}{[H^+]^2}$$

$$= \frac{1.0 \times 10^{-21}}{[H^+]^2}$$

よって，$[S^{2-}] = \dfrac{1.0 \times 10^{-21}}{[H^+]^2} \times (1.0 \times 10^{-1})$

$$= \frac{1.0 \times 10^{-22}}{[H^+]^2} \quad \text{——②}$$

①，②式より

$$\frac{1.0 \times 10^{-22}}{[H^+]^2} \leqq \frac{1}{4} \times 10^{-15}$$

$$4.0 \times 10^{-7} \leqq [H^+]^2$$

$$[H^+] \geqq 2.0 \times 10^{-3.5}$$

よって，

$$pH \leqq -\underline{\log_{10}(2.0 \times 10^{-3.5})}$$

$$\leqq 3.5 - \log_{10} 2$$

$$\leqq 3.2$$

> $[H^+] = 2.0 \times 10^{-3.5}$ のとき
> $[H^+]^2 = 4.0 \times 10^{-7}$
> $K_{a1} \cdot [H^+] = 2.0 \times 10^{-10.5}$
> $K_{a1} \cdot K_{a2} = 1.0 \times 10^{-21}$
> となり，先の仮定は成立する

問カ. ろ液中に含まれているアンモニアを取り除くために煮沸した。

問キ. 2.1×10^{-2} g

　　実験2で得たろ液 10 mL 中に含まれる Na^+ は，実験3においてすべて H^+ に交換された。

　　よって，滴定で使用した NaOH と同じ物質量の Na^+ がこの 10 mL 中に含まれている。

$$\left(1.0 \times 10^{-2} \text{ mol/L} \times \frac{18 \text{ mL}}{10^3 \text{ mL/L}}\right) = 1.8 \times 10^{-4} \text{ mol}$$

ガラス 1.0 g を溶かした溶液は 50 mL であったことから，

$$1.8 \times 10^{-4} \text{ mol} \times \frac{50 \text{ mL}}{10 \text{ mL}} \times 23.0 \text{ g/mol} = 0.0207 \text{ g}$$

の Na^+ がガラス 1.0 g に含まれていた。

ガラス 1.0 g ⇒ 🧪 　　　　　　　　　　 Na^+ x (mol)

　　　　　🥛 50 mL

　　🥛 10 mL…実験2, 3　　　　　 Na^+ $\frac{1}{5}$ x (mol)

実験3　残った Na^+ ⟶ H^+ に変換　　 H^+ $\frac{1}{5}$ x (mol)
　　　　　　　　　　　⇑
　　　　　　NaOH で中和　NaOH $\frac{1}{5}$ x (mol)
　　　　　　　　　　　↓

$$\left\{(1.0 \times 10^{-2} \text{ mol/L}) \times \frac{18.0 \text{ mL}}{10^3 \text{ mL/L}}\right\} \times \frac{50 \text{ mL}}{10 \text{ mL}} \times 23.0 \text{ g/mol}$$

$$= 0.0207 \text{ g}$$

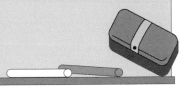

23 有機化合物の構造推定 ──────────── ● 解答解説

問1. 可能な構造：2　構造式

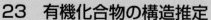

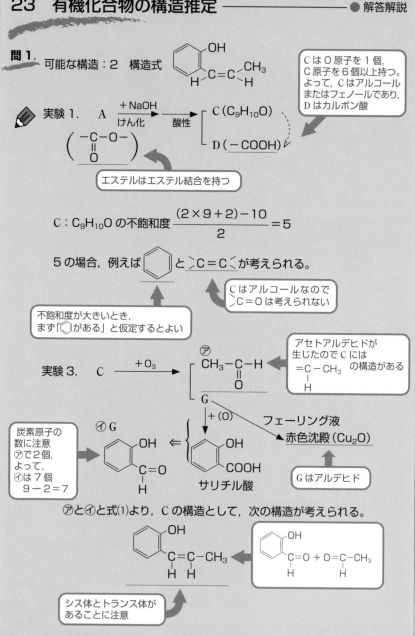

実験1.　A $\xrightarrow[\text{けん化}]{+\text{NaOH}}$ → 酸性 → C($C_9H_{10}O$)

D(−COOH)

> Cは O 原子を 1 個,
> C 原子を 6 個以上持つ。
> よって, C はアルコール
> またはフェノールであり,
> D はカルボン酸

$$\left(\begin{array}{c} -C-O- \\ \parallel \\ O \end{array} \right)$$

> エステルはエステル結合を持つ

C：$C_9H_{10}O$ の不飽和度 $\dfrac{(2 \times 9 + 2) - 10}{2} = 5$

5 の場合，例えば ⬡ と ⟩C＝C⟨ が考えられる。

> 不飽和度が大きいとき,
> まず「⬡ がある」と仮定するとよい

> C はアルコールなので
> ⟩C＝O は考えられない

実験3.　C $\xrightarrow{+O_3}$ ㋐ $CH_3-\underset{\underset{O}{\parallel}}{C}-H$

G

> アセトアルデヒドが
> 生じたので C には
> ＝C−CH₃ の構造がある

G $\xrightarrow{+(O)}$ フェーリング液 → 赤色沈殿(Cu_2O)

> G はアルデヒド

㋑ G

(構造: OH基を持つベンゼン環に C=O / H が結合)

⬅ サリチル酸（OH基とCOOH基を持つベンゼン環）

> 炭素原子の
> 数に注意
> ㋐で 2 個,
> よって,
> ㋑は 7 個
> 9−2＝7

㋐と㋑と式(1)より，C の構造として，次の構造が考えられる。

(構造: OH基を持つベンゼン環に C=C−CH₃, H, H が結合)

⬅ (OH基を持つベンゼン環に C=O / H ＋ O=C−CH₃ / H)

> シス体とトランス体が
> あることに注意

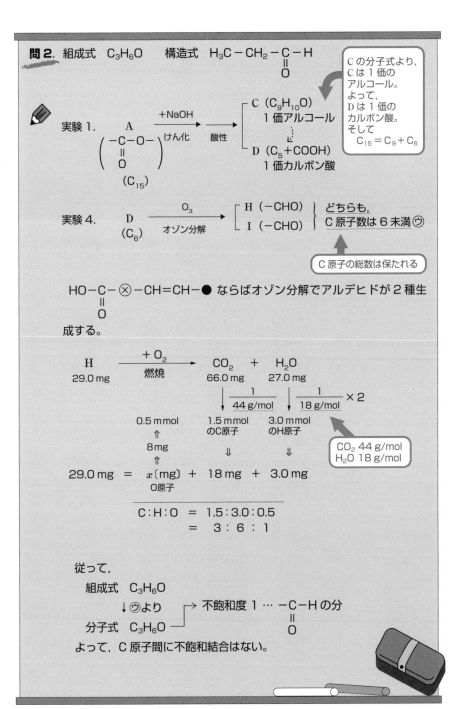

問 2. 組成式　C₃H₆O　　構造式　H₃C−CH₂−C−H
$$\underset{\text{O}}{\overset{\|}{}}$$

> C の分子式より,
> C は 1 価の
> アルコール。
> よって,
> D は 1 価の
> カルボン酸。
> そして
> C₁₅ = C₉ + C₆

実験 1.　　A
$$\left(\begin{array}{c} -\text{C}-\text{O}- \\ \| \\ \text{O} \end{array}\right)$$ けん化 $\xrightarrow[\text{酸性}]{+\text{NaOH}}$ ⌈ C （C₉H₁₀O）
　　　　　　　　　　　　　　　　　　　　 1 価アルコール
　　　　　　　　　　　　　　　　　　　　　┊
　　　（C₁₅）　　　　　　　　　　　　　 └ D （C₅+COOH）
　　　　　　　　　　　　　　　　　　　　 1 価カルボン酸

実験 4.　　D $\xrightarrow[\text{オゾン分解}]{\text{O}_3}$ ⌈ H （−CHO）⌉ どちらも,
　　　　　（C₆）　　　　　　　　　　 └ I （−CHO）⌋ C 原子数は 6 未満 ㋒

> C 原子の総数は保たれる

HO−C−⊗−CH=CH−● ならばオゾン分解でアルデヒドが 2 種生
$$\underset{\text{O}}{\overset{\|}{}}$$
成する。

H $\xrightarrow[\text{燃焼}]{+ \text{O}_2}$ CO₂ ＋ H₂O
29.0 mg　　　　　　66.0 mg　27.0 mg

$$\downarrow \dfrac{1}{44 \text{ g/mol}} \quad \downarrow \dfrac{1}{18 \text{ g/mol}} \times 2$$

0.5 mmol　　1.5 mmol　3.0 mmol
　⇑　　　　のC原子　　のH原子
　8mg
　⇑

> CO₂ 44 g/mol
> H₂O 18 g/mol

29.0 mg ＝　　x〔mg〕 ＋　18 mg ＋　3.0 mg
　　　　　　　O原子

―――――――――――――――――――――
C：H：O ＝　1.5：3.0：0.5
　　　　　＝　 3 ： 6 ： 1

従って,
　組成式　C₃H₆O
　　　↓㋒より　　　→ 不飽和度 1 … −C−H の分
　分子式　C₃H₆O ――　　　　　　　　　　 $\underset{\text{O}}{\overset{\|}{}}$
よって, C 原子間に不飽和結合はない。

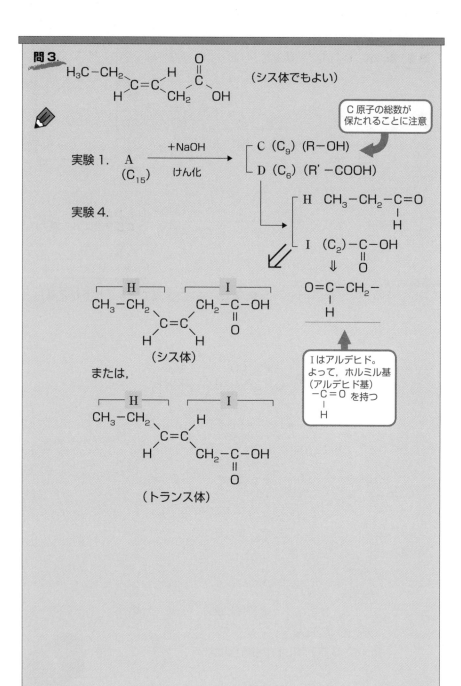

問3.

H₃C−CH₂ ... $C=C$ ... H ... C(=O)OH / CH₂ （シス体でもよい）

C原子の総数が保たれることに注意

実験1.　A (C₁₅) ──(+NaOH けん化)──→ ┌ C (C₉) (R−OH)
　　　　　　　　　　　　　　　　　　　　 └ D (C₆) (R'−COOH)

実験4.

┌ H　CH₃−CH₂−C=O / H
└ I　(C₂)−C−OH / O
　　　⇓
　　O=C−CH₂− / H

Iはアルデヒド。
よって，ホルミル基
（アルデヒド基）
−C=O / H を持つ

┌─H─┐ ┌──I──┐
CH₃−CH₂ ... CH₂−C−OH(‖O)
　　　　　C=C
　　　　H　　H

（シス体）

または，

┌─H─┐ ┌──I──┐
CH₃−CH₂ ... H
　　　　　C=C
　　　　H　　CH₂−C−OH(‖O)

（トランス体）

問4. (1) (a)   (2) C

C
$$
\begin{array}{c}
\text{(benzene ring)}\ \text{OH} \\
\quad \text{CH}=\text{CHCH}_3
\end{array}
$$

D $CH_3CH_2CH=CHCH_2COOH$

　塩となった物質は水層に含まれ，塩とならずに分子のままの物質はエーテル層に含まれる。

　酸の強さ　HCl ＞ $R-COOH$ ＞ H_2CO_3 ＞ （benzene ring）OH

＊ HCl ではいずれも電離しない。 ◀ 強酸＋弱酸の塩 ─→ 強酸の塩＋弱酸
＊ NaOH ではどちらも塩となるため不可。

C ─→ （benzene ring）O^-Na^+ ／ R_1　　　　D ─→ $R_2-COO^-Na^+$

R₁, R₂ は炭化水素基

＊ CH_3COOH では，D が十分に電離しない可能性がある。
＊ $NaHCO_3$ では，C は電離せず，D は電離して塩となる。

C （benzene ring）$\begin{array}{c}\text{OH}\\ R_1\end{array}$ ＋ $NaHCO_3$ ─→ ✕

D　$R_2-COOH + NaHCO_3 \longrightarrow R_2-COONa + H_2O + CO_2$

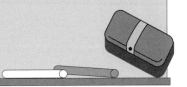

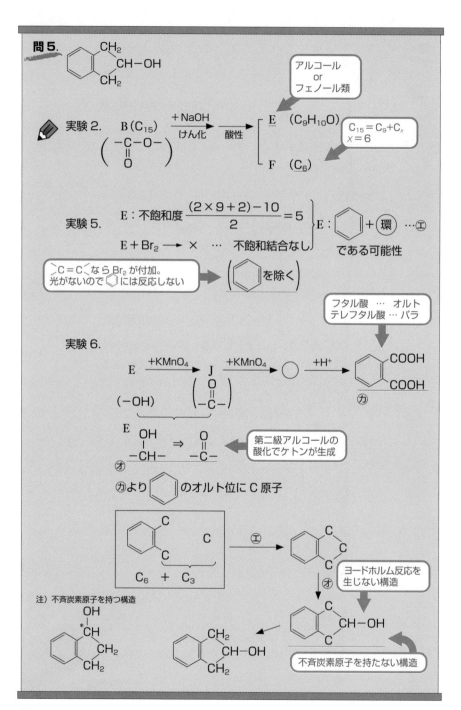

問5.

実験2. B(C₁₅) $\xrightarrow[\text{けん化}]{+\text{NaOH}}$ 酸性 → [E (C₉H₁₀O) / F (C₆)]

アルコール or フェノール類

C₁₅ = C₉ + Cₓ
x = 6

実験5. E：不飽和度 $\dfrac{(2 \times 9 + 2) - 10}{2} = 5$

E：〇 + 環 …エ である可能性

E + Br₂ ⟶ ✕ … 不飽和結合なし

>C=C< なら Br₂ が付加。
光がないので 〇 には反応しない

〇 を除く

フタル酸 … オルト
テレフタル酸 … パラ

実験6.

E $\xrightarrow{+\text{KMnO}_4}$ J $\xrightarrow{+\text{KMnO}_4}$ 〇 $\xrightarrow{+\text{H}^+}$ COOH COOH ㋕

(−OH) $\left(\begin{matrix} O \\ \| \\ -C- \end{matrix}\right)$

E OH|−CH− ⇒ O‖−C−
㋔

第二級アルコールの
酸化でケトンが生成

㋕より 〇 のオルト位に C 原子

〇 C / C ... C
C₆ + C₃

→ エ →

ヨードホルム反応を
生じない構造

→ ㋔

C / C CH−OH

不斉炭素原子を持たない構造

注）不斉炭素原子を持つ構造
OH|*CH CH₂ CH₂

← CH₂ CH−OH CH₂

$$H_3C-\underset{H_3C}{\overset{CH_3}{C}}=\underset{\underset{O}{\overset{\|}{C}}-OH}{C}$$

> E が -OH を持つことから，F は -COOH を持つ

実験2.　$B(C_{15})$　$\xrightarrow[\text{けん化}]{+\text{NaOH}}$ … $\begin{bmatrix} E & (C_9H_{10}O) \\ F & (C_6)-COOH \end{bmatrix}$

$\left(\underset{\underset{O}{\overset{\|}{-C}}-O-}{}\right)$

実験7.　F　$\xrightarrow{+O_3}$ … $\begin{bmatrix} \bigcirc \\ \bigcirc \end{bmatrix}$ いずれもフェーリング反応を生じない⇒ケトン

式(1)より F は $\underset{R_2}{\overset{R_1}{C}}=\underset{R_4-COOH}{\overset{R_3}{C}}$ の構造を持つ。

F は C_6 のため，R_1-，R_2-，R_3- は CH_3- でなければならない。また，R_4 は存在しない。

よって，$\underset{CH_3}{\overset{CH_3}{C}}=\underset{COOH}{\overset{CH_3}{C}}$

エステルを NaOH などでけん化して，塩酸を加えて酸性にしたときに得られる化合物はエステルを加水分解したときと同じ。

よって，

$$B(C_{15}H_{18}O_2) + H_2O \longrightarrow E(C_9H_{10}O) + F(C_xH_yO_z)$$

E が -OH を一つだけ持つことから，B と H_2O は 1：1 で反応する。

とすると，

$$\begin{cases} 15 = 9+x & \cdots\cdots C \text{原子の数} \\ 18+2 = 10+y & \cdots\cdots H \text{原子の数} \\ 2+1 = 1+z & \cdots\cdots O \text{原子の数} \end{cases}$$

となり，$x=6$，$y=10$，$z=2$ が得られ，F の分子式は $C_6H_{10}O_2$ となることがわかる。

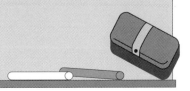

24 尿素の合成 ————————————————— ● 解答解説

問1. A. シアン酸銀　　B. 硫酸カリウムと尿素
　　　　C. 硫酸カリウム　　D. 尿素

① 操作1，4，5は尿素の合成を目的としたものであることから，結晶
Dは尿素と考えられる。Dが尿素であるなら，操作6での反応は

$$2(NH_2)_2CO + 3O_2 \longrightarrow 2N_2 + 2CO_2 + 4H_2O$$

と表され，操作6の結果と一致する。よって，Dは尿素である。

② 操作1で用意した溶液中のイオンは次のとおりである。

$$K^+,\ NH_4^+,\ OCN^-,\ SO_4^{2-}$$

尿素は，元素として窒素と炭素を含むことから，
NH_4^+ と OCN^- から生成したと考えられる。
また，尿素は極性分子であり，$-NH_2$ を持つ
ことから水素結合できるので，アルコールに溶
解する。

尿素の構造

従って，アルコールに溶けなかったCは
K_2SO_4 であり，Bは尿素と K_2SO_4 の混合物
であることがわかる。

水素結合

③ 操作2の沈殿Aは，銀イオンと溶液中の
陰イオンでできる塩 AgOCN と $\underline{Ag_2SO_4}$ の
水への溶解度を考えると，Aは AgOCN となる。

Ag_2SO_4 は冷水には難溶であるが
25℃では水 100 g に 0.84 g 溶ける

問2. 色：深青色（濃青色）

物質名：テトラアンミン銅（Ⅱ）イオン（テトラアンミン銅（Ⅱ）硫酸塩）

NaOH を加えると水溶液は塩基性が強くなり，

$$NH_4^+ + OH^- \rightleftarrows NH_3 + H_2O$$

の<u>平衡が右へ片寄り</u>，NH_3 が生成する。

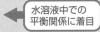
水溶液中での
平衡関係に着目

ここに Cu^{2+} を加えると，

$$Cu^{2+} + 4NH_3 \longrightarrow [Cu(NH_3)_4]^{2+}$$

の変化が生じて，銅の錯イオンが生じる。

アンモニウムイオンの酸解離定数を K_a とすると，

$$pK_a = -\log_{10}K_a \fallingdotseq 9.4$$

である。

よって，溶液の pH の値が 9.4 ならば，

$$[NH_4^+] = [NH_3]$$

となり，加えた NH_4^+ の半分が NH_3 となっている。

また，<u>テトラアンミン銅（Ⅱ）イオンの生成も可逆反応であることから</u>，銅（Ⅱ）イオンを加えてテトラアンミン銅（Ⅱ）イオンが生成すると，

$$NH_4^+ \longrightarrow NH_3 + H^+$$

の平衡移動が生じる。

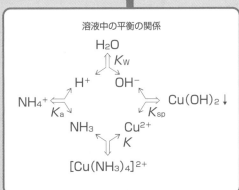

溶液中の平衡の関係

H_2O
K_W
H^+ OH^-
NH_4^+ $Cu(OH)_2\downarrow$
K_a K_{sp}
NH_3 Cu^{2+}
K
$[Cu(NH_3)_4]^{2+}$

問3. Cはイオン結合した物質であり，Dは極性を持ち，水素結合できる分子性の物質である。そのため，有機溶媒であるエタノールとの親和性はDの方が高く，Cは低いため，Dはエタノールに溶解し，Cは溶解しない。

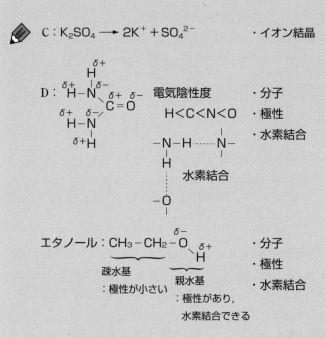

C : $K_2SO_4 \longrightarrow 2K^+ + SO_4{}^{2-}$　　　　・イオン結晶

D :
$$\delta+ \atop H$$
$$\overset{\delta+}{H}-\overset{\delta+}{N}\overset{\delta-}{\underset{\delta+}{\underset{H-N}{\diagdown}}}\overset{\delta+ \ \delta-}{C=O}$$
$$H-N$$
$$\delta+ H$$

電気陰性度　　・分子

H<C<N<O　　・極性

　　　　　　　・水素結合

$-N-H\cdots\cdots N-$
$\quad\quad\quad\;\; |$
$\quad\quad\quad\; H$
$\quad\quad\;\; \vdots$　水素結合
$\quad\;\; -O$

エタノール : $CH_3-CH_2-\overset{\delta-}{O}\underset{H}{\overset{\delta+}{\diagdown}}$　　・分子

　　　　　　　　　　　　　　　　　　・極性

　　　　　　　　　　　　　　　　　　・水素結合

疎水基　　　親水基
: 極性が小さい　: 極性があり，
　　　　　　　　水素結合できる

⇒似たものは混ざりあう。

問4. $2CO(NH_2)_2 + 3O_2 \longrightarrow 2N_2 + 2CO_2 + 4H_2O$

　　この実験は尿素の合成実験であることから，結晶Dは尿素

$$H_2N - \overset{\overset{\displaystyle O}{\displaystyle \|}}{C} - NH_2$$である。

　　実験6より，燃焼で生じたCO_2とN_2の体積が同温・同圧で同じこと

から，化学反応式の係数は等しい。

> * $PV = nRT$ より，P，V，Tが同じ値ならば
> 　n（物質量）は同じ値になる
> *化学反応式の係数は反応にかかわる物質の
> 　物質量の比を表している

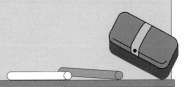

問5. 構造式：$H_2N-C-NH-CH_2-OH$ 　　反応の名称：付加反応
　　　　　　　　 $\underset{O}{\overset{\|}{}}$

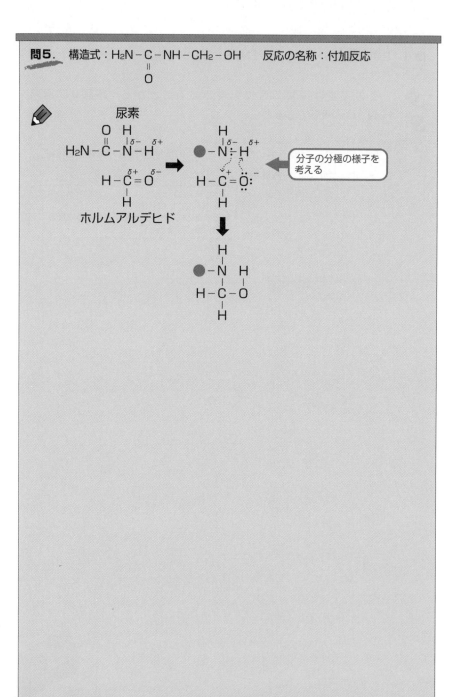

尿素

ホルムアルデヒド

分子の分極の様子を
考える

問6. 構造式：H₂N－C－NH－CH₂－NH－C－NH₂　　　反応の名称：脱水縮合
　　　　　　　　　‖　　　　　　　　　　　　　‖
　　　　　　　　　O　　　　　　　　　　　　　O

　　　*R₁－OH + H－N－R₂ ⟶ R₁－N－R₂ + H₂O
　　　　　└─────┘　　│　　　　　　│
　　　　　　　－H₂O　　H　　　　　　　H

　　　*問5の化合物　　　　　　　　　「水1分子がとれる」
　　　　　　　　　　　　H₂　　　　　　　→H₂O
　　　H₂N－C－NH－C─O－H
　　　　　‖　　　　　δ+　δ−　δ+
　　　　　O　　　　　　δ−　δ+
　　　　　　　　　　H－N─H
　　　　　　　　　　│
　　　　　　　　O＝C－NH₂

　　この反応を利用することで，尿素をホルムアル
デヒドで縮合重合させた樹脂を尿素樹脂という。
同様の反応はメラミン（右図）でも生じ，メラミン
とホルムアルデヒドで生成した樹脂をメラミン樹
脂という。

　　このメラミンは1分子内に6個のN原子を持っている。

　　食品中のタンパク質の量の測定法に，食品中のN原子の含有量を調べ
るものがある。食品にメラミンを混入させると窒素含有量が多くなるため，
タンパク質の含有量が大きく見積もられてしまう。このような方法による
食品の偽装が行われたことがある。

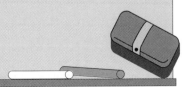

25 有機化合物の分離 ──────── ● 解答解説

問1. 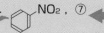 ⑦

 化合物 A の分子式 $C_aH_bN_cO_d$ を求める。成分元素の重量百分率より，A 100 g 中には炭素 58.5 g，水素 4.1 g，窒素 11.4 g，酸素 26.0 g 含まれる。

$$a : b : c : d = \frac{58.5\,g}{12.0\,g/mol} : \frac{4.1\,g}{1.00\,g/mol} : \frac{11.4\,g}{14.0\,g/mol} : \frac{26.0\,g}{16.0\,g/mol}$$

$$= 4.875 : 4.1 : 0.814\cdots : 1.625$$

$$= 6.0 : 5.0 : \underline{1} : 2.0$$

> N 原子の値が最も小さいので，この値を 1 として，他の原子の割合を求める

A は芳香族より，

$a = 6 + x\,(x\,は\,0,\ 6,\ 12,\ \cdots)$

ここで，仮に $a = 6$ とすると，A の分子式は，$C_6H_5NO_2$ となり，分子量 123 であることから構造式は であることがわかる。ニトロベンゼンは酸や塩基の水溶液には溶解しない。

$C_6H_5NO_2$ の N 原子を C 原子に置き換えたとすると，次のように考えて，

$$-\overset{\cdot\cdot}{N}- \quad \rightarrow \quad -\overset{|}{C}- \quad \rightarrow \quad -\overset{\overset{H}{|}}{\underset{|}{C}}- \quad \text{(価標が増えた分，H 原子を増やす)}$$

$C_7H_6O_2$ の分子式となる。この分子式から不飽和度を求めると，

$$\frac{(2 \times 7 + 2) - 6}{2} = 5 \begin{cases} \text{芳香族なので} \bigcirc \text{の分} \quad 4 \\ \overset{O}{\underset{}{-\overset{||}{C}-}} \text{の分} \quad 1 \cdots\cdots \bigcirc + C \,より -\overset{|}{C}=\overset{|}{C}- \\ \qquad\qquad\qquad\qquad\qquad\qquad \text{は考えられない} \end{cases}$$

よって， $\overset{\displaystyle O}{\underset{}{C}}-O-H$ となり，C 原子を N 原子に戻すと，H 原子が 1

個減り， $\overset{\displaystyle O}{\underset{}{N}}:\ddot{\underset{}{O}}:$ となる。（注：すべての原子が閉殻となっていること）

問2．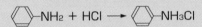 ，②

> フェノール類は $FeCl_3$ 水溶液で青紫色の呈色，
> アニリンはさらし粉で赤紫色の呈色，
> アニリンは酸化剤でアニリンブラックとなる

さらし粉によって，赤紫色の呈色が見られたことより，化合物 B はアニリン －NH_2 であることがわかる。

アニリンに塩酸を加えると塩が生じ，水に溶ける。

$$\text{（ベンゼン環）}-NH_2 + HCl \longrightarrow \text{（ベンゼン環）}-NH_3Cl$$

アニリンは弱塩基であることから，その塩に強塩基である水酸化ナトリウムを加えると，アニリンが遊離する。アニリンはエーテルに溶解する。

$$\text{（ベンゼン環）}-NH_3Cl + NaOH \longrightarrow \text{（ベンゼン環）}-NH_2 + NaCl + H_2O$$

ニトロベンゼンをスズと塩酸で還元すると，アニリンとなり，アニリンは塩酸と塩を作る。よって，ニトロベンゼンがすべて還元されると均一な水溶液となる。なお，スズの還元剤としての半反応式は，

$$Sn \longrightarrow Sn^{4+} + 4e^-$$

である。また，ニトロベンゼンの半反応式は，

$$\text{（ベンゼン環）}-NO_2 + 7H^+ + 6e^- \longrightarrow \text{（ベンゼン環）}-NH_3^+ + 2H_2O$$

となる。なお，窒素原子の酸化数変化は次のようになる。

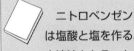

N の酸化数（+3）　　⇒　　N の酸化数（−3）

このように，酸化数がわかりにくい場合には，構造式や電子式を描き，電気陰性度の大小を考え，電子対を片寄らせることで判定できる。

問3. （反応）エステル化　　（構造式） COOCH₃

 化合物 C の特徴

・塩酸と反応しない（塩を作らない）━━▶ エーテル層

・炭酸水素ナトリウムと反応して，塩を作る ━━▶ 水層

・C の塩は塩酸と反応して，C を遊離する ━━▶ エーテル層

この３つの特徴から化合物 C はカルボン酸である。従って，メタノールと反応してエステルを生成する。

化合物 C ＋ CH₃OH ⟶ C₈H₈O₂ ＋ H₂O

> 反応の前後で原子の種類と種類ごとの数は保たれる。
> C　8個
> H　10個
> O　3個

この反応より，化合物 C の分子式は C₇H₆O₂ となり，芳香族であることを考慮すると，次の構造であることがわかる。

問4. （D の構造式） OH　　（F の名称）塩化ベンゼンジアゾニウム

 化合物 D の特徴

・炭酸水素ナトリウムと反応しない（塩を生成しない）

・水酸化ナトリウムと反応して塩を生成する

この二つの特徴から化合物 C はフェノールであることがわかる。

一方，塩酸にアニリンを溶かして，さらに亜硝酸ナトリウムを加えると，次の反応が生じる。

> 亜硝酸と弱酸
> NaNO₂ ＋ HCl → HNO₂ ＋ NaCl

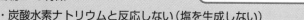—NH₃Cl ＋ HNO₂ ⟶ —N₂Cl ＋ 2H₂O

> 合成は 5℃以下で行う

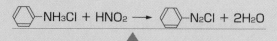—N₂Cl は室温では水と反応し，フェノールを生成する。

—N₂Cl ＋ H₂O ⟶ —OH ＋ N₂ ＋ HCl

$$\boxed{}\quad \text{C}_6\text{H}_5{-}\overset{\oplus}{\text{N}}{\equiv}\text{N} \quad\rightleftharpoons\quad \text{C}_6\text{H}_5{-}\overset{..}{\text{N}}{=}\overset{\oplus}{\text{N}}$$

$$\updownarrow$$

$$\text{C}_6\text{H}_5^{\oplus}{-}\text{N}{\equiv}\text{N} \quad\rightleftharpoons\quad \oplus\,\text{C}_6\text{H}_4{=}\text{N}{\equiv}\text{N}$$

分子全体が＋の電荷を帯びている［$\text{C}_6\text{H}_5\text{N}_2$］$^+$

問5. （構造式）C$_6$H$_5$–N=N–C$_6$H$_4$–OH　（反応名）カップリング

🖊 化合物 D は水酸化ナトリウム水溶液中で C$_6$H$_5$–ONa として存在している。

$$\text{C}_6\text{H}_5{-}\text{OH} + \text{NaOH} \longrightarrow \underline{\text{C}_6\text{H}_5{-}\text{ONa}} + \text{H}_2\text{O}$$

⬆

> フェノールを水に溶かすため，塩にする。アニリンをカップリングさせるときはアニリンを塩酸に溶かして塩にする。

ここに，C$_6$H$_5$–N$_2$Cl を加えると次の反応が生じる。

$$\text{C}_6\text{H}_5{-}\text{N}_2\text{Cl} + \text{C}_6\text{H}_5{-}\text{ONa} \longrightarrow \text{C}_6\text{H}_5{-}\text{N}{=}\text{N}{-}\text{C}_6\text{H}_4{-}\text{OH} + \text{NaCl}$$

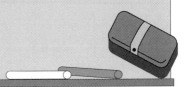

問1. ア. α-ヘリックス イ. β-シート(β構造)
ウ. 水素 エ. イオン オ. 疎水

> 用語は
> 教科書通りに
> 覚えよう

問2. ジスルフィド −S−S−
チオール基(スルファニル基, スルフヒドリル基) −S−H

問3.

[S] $\gg K_m$ のとき, $K_m + [S] = [S]$ とみなせるため, 式(2)より

$$V' = \frac{k_2\,[E]_T\,[S]}{[S]} = k_2\,[E]_T$$

> 上に凸か下に凸かは微分すればよいが,
> 式(1)より推定する

となり, V' は一定値となる。

[S] $= 0$ のとき, 式(2)より $V = 0$ となる。

一方, 式(1)より, 酵素がすべて酵素基質複合体となるまでは [S] が大きくなるほど V は大きくなると考えられる。酵素の大部分が酵素基質複合体となると [S] が大きくなっても V は大きくなりにくくなると予想される。

※ k_{-1} が大きくなり, k_1 が小さくなると K_m は大きくなり, 同じ [S] の値に対して V の値は小さくなる。

式(2)より, $\dfrac{1}{V}$ を求めると,

$$\frac{1}{V} = \frac{K_m}{k_2\,[E]_T} \cdot \frac{1}{[S]} + \frac{1}{k_2\,[E]_T}$$

が得られる。

問4. AH の電離定数 K_a の値について，

$$K_a = \frac{[H^+][A^-]}{[AH]} \qquad \underline{[H^+], [A^-], [AH] は平衡時の濃度}$$

が成り立つ。

両辺の対数をとると，

> [X] は X の濃度を表すが，
> 平衡のときとは限らない

$$\log_{10} K_a = \log_{10}[H^+] + \log_{10}\frac{[A^-]}{[AH]}$$

が得られる。ここで [A⁻] = [AH] より，

$$\log_{10} K_a = \log_{10}[H^+]$$

となり，

$$pH = -\log_{10}[H^+] = -\log_{10} K_a = pK_a$$

となる。

pH = pK_a のときの酸 AH の電離度は 0.5 である。

いま，濃度 C (mol/L) の 1 価の酸 AH について，溶液中の $\dfrac{[AH]}{C}$，

$\dfrac{[A^-]}{C}$ の値と pH の間には次の関係が成立する。

$$C = [AH] + [A^-] \quad ——①$$

$$K_a = \frac{[H^+][A^-]}{[AH]} \quad ——②$$

②より，$[AH] = \dfrac{[H^+]}{K_a} \cdot [A^-] \quad$ ——③

③を①へ代入

$$C = \frac{[H^+]}{K_a} \cdot [A^-] + [A^-]$$

$$C = \left(\frac{[H^+]}{K_a} + 1\right)[A^-]$$

$$= \frac{[H^+] + K_a}{K_a} \cdot [A^-]$$

$$\frac{[A^-]}{C} = \frac{K_a}{[H^+] + K_a}$$

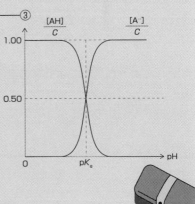

問5.

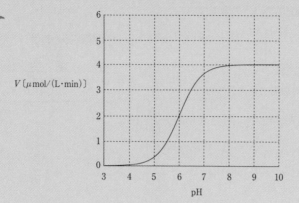

 式(2)より，

> [S] を十分に大きな値とすると，
> AH の電離度が pH にかかわりなく
> 大きくなってしまうため，
> $V = k_2 [E]_T$ は考慮の対象ではない

$$V = \left(\frac{k_2 [S]}{K_m + [S]} \right) \times [E]_T$$

となり，[S] の値が一定のとき，V は $[E]_T$ に比例する。いま，$[E]_T = [A^-]$
とみなせるなら，

$$V = \left(\frac{k_2 [S]}{K_m + [S]} \right) \times [A^-]$$

となる。ここで，AH の濃度を C 〔mol/L〕，AH の電離度を
$\alpha \left(= \dfrac{[A^-]}{C} \right)$ とすると，

$$V = \left(\frac{k_2 [S]}{K_m + [S]} \right) \times C \times \alpha$$

となり，V と α は比例する。

よって，pH による V の変化の様子は pH による $\dfrac{[A^-]}{C}$ の変化と同じ
になる。

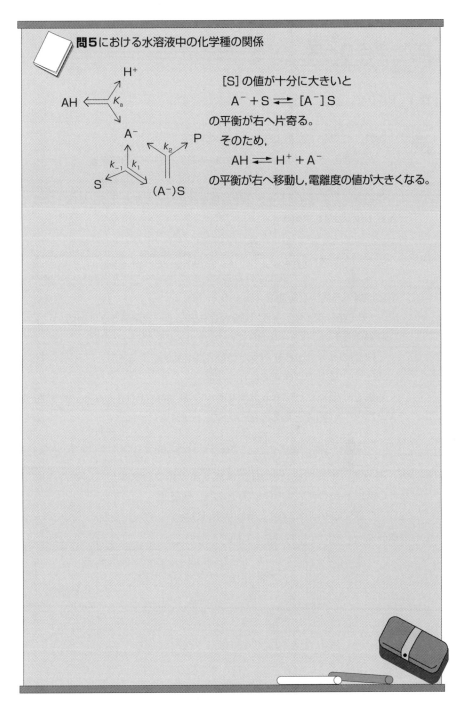

問5における水溶液中の化学種の関係

$$AH \xleftarrow{\quad K_a \quad}$$ H$^+$ / A$^-$

$$A^- \xrightleftharpoons[k_{-1}]{k_1} S$$

$$(A^-)S \xrightarrow{\ k_2\ } P$$

[S] の値が十分に大きいと

$$A^- + S \rightleftarrows [A^-]S$$

の平衡が右へ片寄る。
　そのため，

$$AH \rightleftarrows H^+ + A^-$$

の平衡が右へ移動し，電離度の値が大きくなる。

27 アミロース ———————————————————— ● 解答解説

問 1. 8.10 g

 実験 1 について次のようにまとめられる。

    ①浸透圧 —— 水溶液 1000 mL 中のアミロースの物質量

    ②凝固点降下 —— 水 1000 g 中のマルトースの物質量

ここでは②よりマルトースの物質量を求め，その値を元にアミロースの質量 x [g] の値を求める。

> 浸透圧からはアミロースの物質量はわかるが重合度がわからない

凝固点降下を測定した溶液 150 mL

    （アミロース x [g] ＋水 100 mL ＋アミラーゼ溶液 50.0 mL）

    凝固点降下 Δt [K] ＝ 1.86 K・kg/mol × C [mol/kg] より，

        0.310 K ＝ 1.86 K・kg/mol × C [mol/kg]

            C ＝ 0.16666… mol/kg

溶媒である水は 150 mL 分であるから，質量は 150 g となる。よって，アミロース x [g] を分離して生じたマルトースは，

$$0.1667\ \text{mol/kg} \times \frac{150}{10^3}\ \text{kg} = 0.02500\cdots \text{mol}$$

従って，アミロース x [g] を構成するグルコース単位（$C_6H_{10}O_5$）は 0.0500 mol（＝ 0.0250 × 2）となり，質量は，

    0.0500 mol × 162 g/mol ＝ 8.10 g

となる。

> アミロース　$H-[C_6H_{10}O_5]_n-OH$　m [mol]
>   ↓ 質量 [g] ＝ (162 × n ＋ 18) × m ＝ 162nm ＋ 18m
>   （n：重合度）
> グルコース単位　$C_6H_{10}O_5$　$n \times m$ [mol]

問2. 1.28×10^5

実験1の浸透圧測定結果より，水 100 mL に溶かしたアミロースの物質量を求める。

アミロースの濃度を C_1 [mol/L] とすると，

$1500\,Pa = C_1\,[mol/L] \times \{8.31 \times 10^3\,Pa \cdot L/(K \cdot mol)\} \times (27 + 273)\,K$

$C_1 = 6.0168\cdots 10^{-4}\,mol/L$

次にアミロース x [g] を溶解した溶液の体積 v [cm³] を求める。

$x = 8.10\,g$ であることより，

$$v = \frac{8.10\,g + 100\,g}{1.028\,g/cm^3} = 105.15\cdots\,cm^3$$

以上より，アミロース 8.10 g の物質量 [mol] は，

$$(6.017 \times 10^{-4}\,mol/L) \times \frac{105.2}{1000}\,L = 6.3298\cdots \times 10^{-5}\,mol$$

となり，アミロースのモル質量 [g/mol] は

$$\frac{8.10\,g}{6.330 \times 10^{-5}\,mol} = 1.279\cdots \times 10^5\,g/mol$$

アミロース $H - [C_6H_{10}O_5] - OH$

分子量 $(162n + 18)$

問1，問2では $162n \gg 18$ と仮定している。ここで求めた分子量 1.28×10^5は18より十分に大きいため，**問1，問2**での仮定は成立する。

問3. 7.90×10^2

アミロースの一般式 $H - [C_6H_{10}O_5]_n - OH$　n：重合度

分子量 $(162n + 18)$

よって，$162n + 18 = 1.28 \times 10^5$

$\underline{n = 790.\cdots}$

$1.28 \times 10^5 - 18 \fallingdotseq 1.28 \times 10^5$

よって，$n = \dfrac{1.28 \times 10^5}{162}$

問4. (i) 塩析

(ii) アミロースに水和している水を取り除き，アミロースの分子を凝集させる。（34字）

塩によるコロイドの沈殿生成

$\begin{cases} 疎水コロイド……凝析 \\ 親水コロイド……塩析 \end{cases}$

アミロース

CH₂OH構造式

$親水基である-OH$ が多い

⇓

親水コロイド

問5. Cu_2O

フェーリング液＝A液＋B液

    A液：硫酸銅水溶液

    B液：酒石酸ナトリウムカリウム＋水酸化ナトリウムの水溶液

A液とB液と分けて販売されている。使用する直前に1：1の体積比で混合する。

β-アミラーゼが切断する場所

非還元末端　　　ここを切断する　　　還元末端

問6. 29.0 %

フェーリング反応は糖の還元末端と反応して Cu_2O を生じる

・グルコース 1 mol から Cu_2O が 1 mol 生成することから，マルトース 1 mol からも Cu_2O が 1 mol 生成する。

・透析によって，取り出されたマルトースは（750 ＋ セロハン膜内の体積）mL に分散している。

750 mL

図形を描くと
全体の様子が見えてくる

・アミロース溶液の体積は実験 1 の結果より，

$$\frac{(8.10 + 100)\ \text{g}}{1.028\ \text{g/cm}^3} = 105.15 \cdots \text{cm}^3$$

・外液 20.0 mL より生じた Cu_2O は，1.60×10^{-4} mol であることより，外液 20.0 mL 中にはマルトースが 1.60×10^{-4} mol 含まれる。

よって，8.10 g のアミロースから生じたマルトースは

$$(1.60 \times 10^{-4})\ \text{mol} \times \frac{(750+105.2+50.0)\ \text{mL}}{20\ \text{mL}} = 7.2416 \times 10^{-3}\ \text{mol}$$

となり，求める割合は $\dfrac{7.242 \times 10^{-3}}{\dfrac{8.10}{324}} \times 100 = 28.96 \cdots\ [\%]$

アミロース
　↓ β - アミラーゼ
マルトース

アミロースの末端から
順に取れていく
○○○○○…○○
　　↓
○○ + ○○○…○○
　　↓
○○ + ○○ + ○…○○

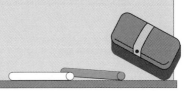

アミロースを構成するマルトース単位のモル質量
162 g/mol × 2 ＝ 324 g/mol
グルコース単位

115

28 アミノ酸 ━━━━━━━━━━━━━━━ ● 解答解説

問1. (b), (d)

 L型アラニン

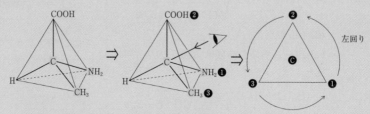

　中心の C 原子の奥に H 原子を見る方向から見て, −NH₂, −COOH, −CH₃ がどのように並んでいるのかを調べると,

　　(a)右回り, (b)左回り, (c)右回り, (d)左回り

となる。

問2. ニンヒドリン

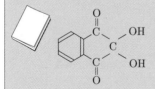

1%水溶液を用いる。アミノ酸を含む水溶液に加えたり, アミノ酸の付着したろ紙などに噴霧し, 熱を加えるとアミノ酸のアミノ基と反応して紫色の呈色を示す。

問3. (1)

 pHの値とアラニンの持つ電荷の関係

pH	小	等電点	大
電荷	+	0	−
化学式	$CH_3-CH-COOH$ $\vert$ NH_3^+	$CH_3-CH-COO^-$ $\vert$ NH_3^+	$CH_3-CH-COO^-$ $\vert$ NH_2

pH ——————————|————————▼——————→
　　　　　　　　　　　　6.0　　　　　　10.0

電荷　　　　　（＋）　　　（0）　　　　　（−）

pH10.0 では負の電荷を帯びていることから，陽極の方へ移動する。

問4. (a) グルタミン酸　　(b) アラニン　　(c) リシン

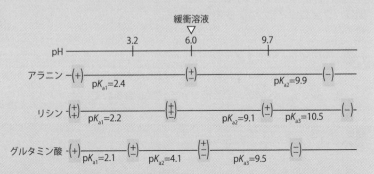

緩衝溶液の pH の値が 6.0 であることより，

　　アラニンの電荷は（＋－）で0

　　リシンの電荷は（＋＋－）で正

　　グルタミン酸の電荷は（＋－－）で負

となっている。

　　よって，pH6.0 で電気泳動を行うと，グルタミン酸が陽極へ，

リシンが陰極へ移動し，アラニンはどちらへも移動しない。

アラニン $CH_3-\underset{\underset{NH_3^+}{|}}{CH}-COOH$ $\overset{pK_{a1}=2.4}{\rightleftharpoons}$ $CH_3-\underset{\underset{NH_3^+}{|}}{CH}-COO^-$ $\overset{pK_{a2}=9.9}{\rightleftharpoons}$ $CH_3-\underset{\underset{NH_2}{|}}{CH}-COO^-$

リシン $H_3N^+-(CH_2)_4-\underset{\underset{NH_3^+}{|}}{CH}-COOH$ $\overset{pK_{a1}=2.2}{\rightleftharpoons}$ $H_3N^+-(CH_2)_4-\underset{\underset{NH_3^+}{|}}{CH}-COO^-$

$\overset{pK_{a2}=9.1}{\rightleftharpoons}$ $H_3N^+-(CH_2)_4-\underset{\underset{NH_2}{|}}{CH}-COO^-$ $\overset{pK_{a3}=10.5}{\rightleftharpoons}$ $H_2N-(CH_2)_4-\underset{\underset{NH_2}{|}}{CH}-COO^-$

グルタミン酸 $HOOC-(CH_2)_2-\underset{\underset{NH_3^+}{|}}{CH}-COOH$ $\overset{pK_{a1}=2.1}{\rightleftharpoons}$ $HOOC-(CH_2)_2-\underset{\underset{NH_3^+}{|}}{CH}-COO^-$

$\overset{pK_{a2}=4.1}{\rightleftharpoons}$ $^-OOC-(CH_2)_2-\underset{\underset{NH_3^+}{|}}{CH}-COO^-$ $\overset{pK_{a3}=9.5}{\rightleftharpoons}$ $^-OOC-(CH_2)_2-\underset{\underset{NH_2}{|}}{CH}-COO^-$

問5. フェニルアラニン，チロシン

 キサントプロテイン反応
アミノ酸のベンゼン環へのニトロ化で生じる呈色反応。
よって，ベンゼン環を持つアミノ酸が含まれている。

問6. PbS

 成分元素として含まれている硫黄を検出する反応。成分として含まれる硫黄を硫化物イオン S^{2-} とし，鉛イオン Pb^{2+} を加えることで，PbS として沈殿させる。

問7. グリシン，システイン，フェニルアラニン

何を仮定したのか明示

このトリペプチドが環状構造を持たないと仮定すると，ペプチド結合が1分子中に2個存在する。よって，このトリペプチドを構成するアミノ酸の分子量の和は，

$$325 + \underline{18 \times 2} = 361$$

ペプチド結合1つにつきH_2O 1分子がとれる

となる。

実験3よりシステイン（分子量121）が含まれるので，他のアミノ酸の分子量の和は240となる。

一方，実験3より，フェニルアラニンかチロシンが含まれている。チロシン（分子量181）が含まれていると仮定すると，残りのアミノ酸の分子量は59となり，最も分子量の小さいグリシンの分子量が75であることから，チロシンが含まれていないことがわかる。フェニルアラニン（分子量165）が含まれているならば残りのアミノ酸は分子量75のグリシンとなる。従って，このトリペプチドは環状構造を持っていない。

仮定は正しい

29 タンパク質の定量 ————————————————— ● 解答解説

問1. (a) メスフラスコ　　(b)ホールピペット　　(c)ビュレット　　(d) 赤

問2. (a) (1)　　(b) (3)　　(c) (3)

　　(a)は，ある体積の溶液を作るために使用する。器具の中に一定量の物質または濃度の定まった溶液を入れ，その後に純水を加えて一定体積とする。よって，初めから少量の純水が入っていてもよい。

　　(b)と(c)は濃度の定まっている溶液を一定量取り出すために使用する。よって，量り取る溶液が初めに少量入っていてもよい。そこで，量り取る溶液で数回内部を洗い，器具内の純水を溶液に置きかえて使用する。

　　器具に熱を加えると膨張し，変形することがあるため，加熱するとその体積は変化してしまう。したがって，体積を測る器具は加熱してはならない。

　　また，溶液の入った器具をそのまま乾燥させると，器具内に溶質が析出してしまう。

問3.
$$O=C-O-H \atop O=C-O-H \quad + \quad 2NaOH \quad \longrightarrow \quad {O=C-ONa \atop O=C-ONa} \quad + \quad 2H_2O$$

シュウ酸は二価の酸である。このシュウ酸を H_2A と表記すると，NaOH との中和反応は，次の<u>二段階</u>となる。

$H_2A + NaOH \rightarrow NaHA + H_2O$ ―①

$NaHA + NaOH \rightarrow Na_2A + H_2O$ ―②

また，シュウ酸の水溶液を水酸化ナトリウム水溶液で滴定したときの滴定曲線は次のようになる。

> 二価の酸であるが
> 強酸である硫酸は
> 一段階である。
> $H_2SO_4 + 2NaOH$
> $\longrightarrow Na_2SO_4 + 2H_2O$

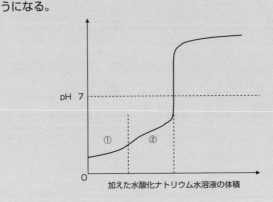

加えた水酸化ナトリウム水溶液の体積

このシュウ酸水溶液の濃度は，

$$\frac{4.347\,g}{126\,g/mol} \times \frac{1000\,mL/L}{500\,mL} = 0.0690\,mol/L$$

となる。この溶液における H_2A の電離度は約 0.6 である。そのため，滴定し始めたときの曲線の形は酢酸水溶液を滴定したときとは異なり，塩酸を滴定したときに近い形となる。

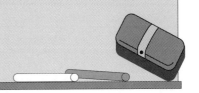

問4. 0.100 mol/L

 シュウ酸二水和物のモル質量 126 g/mol

この結晶 4.347 g は $\dfrac{4.347\ \text{g}}{126\ \text{g/mol}} = 0.0345\ \text{mol}$

となり，溶液 500 mL 中に溶けているので，その濃度は，

$$\dfrac{0.0345\ \text{mol}}{500\ \text{mL}} \times 1000\ \text{mL/L} = 0.0690\ \text{mol/L}$$

となる。

この溶液 10.00 mL を水酸化ナトリウム水溶液 13.80 mL で中和できたことより，水酸化ナトリウム水溶液の濃度を C〔mol/L〕とすると，

$$0.0690\ \text{mol/L} \times \dfrac{10.00\ \text{mL}}{1000\ \text{mL/L}} \times 2 = C \times \dfrac{13.80\ \text{mL}}{1000\ \text{mL/L}} \times 1$$

$C = 0.100$ mol/L

中和の量の関係
酸の物質量 × 価数 ＝ 塩基の物質量 × 価数

問5. 20.0 mL

　実験 B，操作3における中和の量の関係は，

硫酸の物質量×2

　＝アンモニアの物質量×1＋水酸化ナトリウムの物質量×1

となっている。硫酸の物質量〔mmol〕は，

　$(1.00 \times 10^{-1}\ \text{mol/L}) \times 10.00\ \text{mL} = 1.00\ \text{mmol}$

となる。

中和の量の関係
（物質量×価数）の和が酸と塩基で等しい

　空試験において，水酸化ナトリウム水溶液 V〔mL〕を使用したとすると，

アンモニアの物質量　0 mmol

水酸化ナトリウムの物質量　$0.100V$〔mmol〕

となる。

$0.100\ \text{mol/L} \times V\ \text{(mL)} = 0.100V\ \text{(mmol)}$

　よって，

　$1.00\ \text{mmol} \times 2 = 0\ \text{mmol} \times 1 + 0.100V\ \text{(mmol)}$

　　　　　　$V = 20.0\ \text{mL}$

となり，中和に使用した水酸化ナトリウム水溶液は 20.0 mL である。

問6. 4.23×10^{-3} L

 操作2，3における硫酸，アンモニア，水酸化ナトリウムの物質量の関係は次のようになる。

硫酸の物質量×2

　　＝アンモニアの物質量×1＋水酸化ナトリウムの物質量×1

ここで，硫酸の物質量〔mmol〕は操作2，3と空試験で同じ値となることより，右辺の値が操作2，3と空試験とで等しくならなければならない。よって，吸収されたアンモニアの（標準状態での）体積を V〔L〕とすると，

$$\frac{V\,\text{(L)}}{22.4\,\text{L/mol}} + 0.100\,\text{mol/L} \times \frac{18.11\,\text{mL}}{1000\,\text{mL/L}}$$

$$= 0\,\text{mol} + 0.100\,\text{mol/L} \times \frac{20.0\,\text{mL}}{1000\,\text{mL/L}}$$

$$\frac{V\,\text{(L)}}{22.4\,\text{L/mol}} = 1.89 \times 10^{-4}\,\text{mol}$$

$$V\,\text{(L)} = 4.233\cdots \times 10^{-3}\,\text{L}$$

（別解）

硫酸の物質量×2

　　＝アンモニアの物質量×1＋水酸化ナトリウムの物質量×1

より，吸収されたアンモニアの（標準状態での）体積を V〔L〕とすると，

$$(1.00 \times 10^{-1}\,\text{mol/L}) \times \frac{10.00\,\text{mL}}{1000\,\text{mL/L}} \times 2$$

$$= \frac{V\,\text{(L)}}{22.4\,\text{L/mol}} \times 1 + 0.100\,\text{mol/L} \times \frac{18.11\,\text{mL}}{1000\,\text{mL/L}} \times 1$$

$$V = 4.233\cdots \times 10^{-3}$$

問7. 3.31 %

操作2で吸収されたアンモニアを a [mol] とすると，操作3より，

$$(1.00 \times 10^{-1} \, mol/L) \times \frac{10.00 \, mL}{1000 \, mL/L} \times 2$$

$$= a \, [mol] \times 1 + 0.100 \, mL/L \times \frac{18.11 \, mL}{1000 \, mL/L} \times 1$$

$$a = 1.89 \times 10^{-4} \, mol$$

が得られる。

よって，牛乳 0.500 g に含まれている
タンパク質を b [g] とすると，

> 窒素の原子量より，モル質量は 14g/mol となる

$$\frac{(1.89 \times 10^{-4} \, mol) \times 14 \, g/mol}{b \, [g]} \times 100 = 16$$

となり，

> 答えを3ケタまで求めるためには，途中は4ケタで計算する

$$b = 0.0165375$$

が得られる。

したがって，牛乳 0.500 g にタンパク質 0.01654 g 含まれていることより，牛乳に含まれるタンパク質の割合は，

$$\frac{0.01654 \, g}{0.500 \, g} \times 100 = 3.308 \, \%$$

> 3ケタの 0.0165 を用いると，3.30 となる。
> 硫酸の濃度が3ケタ 1.00×10^{-1} mol/L，
> 同様に牛乳の質量も3ケタ 0.500 g となっているため，
> 答えとしては 3.30 も誤りとはいえない

 指示薬としてフェノールフタレインが不適切な理由

$$NH_4^+ \rightleftarrows NH_3 + H^+ \quad K_a = 4.4 \times 10^{-10}$$

$[NH_4^+] = [NH_3]$ となる pH は $-\log_{10}K_a = 9.4$

フェノールフタレインの変色域 8.0 ～ 9.8

よって，フェノールフタレインを用いて滴定すると，呈色までに NH_4^+ の一部が NH_3 となってしまう。

30 イオン交換樹脂 ──────── ● 解答解説

問1. ① $R-N^+(CH_3)_3OH^- + C_6H_5OH$

$\longrightarrow R-N^+(CH_3)_3(C_6H_5O^-) + H_2O$

③ $R-N^+(CH_3)_3OH^- + CH_3COOH$

$\longrightarrow R-N^+(CH_3)_3(CH_3COO^-) + H_2O$

> [OH⁻] の値が大きければ平衡は左に，
> 小さければ右に偏る

イオン交換樹脂へのイオンの着脱は可逆反応である。

$$R-N^+(CH_3)_3OH^- \rightleftarrows R-N^+(CH_3)_3 + OH^- \text{─①}$$

弱酸であるフェノールや酢酸を HA とすると，この酸の電離も可逆反応であり，次式で表される。

$$HA \rightleftarrows H^+ + A^- \text{──②}$$

①と②の可逆反応が共存すると，

$$H^+ + OH^- \longrightarrow H_2O$$

$$R-N^+(CH_3)_3 + A^- \longrightarrow R-N^+(CH_3)_3A^-$$

の平衡移動が生じる。

よって，全体として，

$$R-N^+(CH_3)_3OH^- + HA \longrightarrow R-N^+(CH_3)_3A^- + H_2O$$

の変化が生じる。

 $R-N^+(CH_3)_3$ の電子式

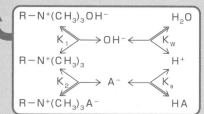

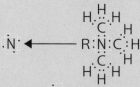

となって $\overset{\cdot\cdot}{N}$ より1個 e⁻ が
少ないため，正の電荷を滞びる。

問2. ④

理由：<u>フェノールは酢酸より弱い酸である</u>ため，酢酸イオンにH⁺を与えにくいため。（36字）

> 酸の強弱
> $HCl, H_2SO_4 > R-COOH > H_2CO_3 > $

 実験1の操作1について

$$R-N^+(CH_3)_3OH + $$ OH

$$\longrightarrow R-N^+(CH_3)_3 \left(\bigcirc O^- \right) + H_2O$$

> O⁻ が OH と
> 電気的に中性になると陰イオン交換樹脂からはずれてしまう

ここで酢酸を加えると

$$ \bigcirc O^- + CH_3COOH \longrightarrow \bigcirc OH + CH_3COO^- $$

の反応が生じるため，

$$R-N^+(CH_3)_3 \left(\bigcirc O^- \right) + CH_3COOH$$

$$\longrightarrow R-N^+(CH_3)_3(CH_3COO^-) + \bigcirc OH$$

の変化が生じて，陰イオンが交換される。

しかし，操作2では，

$$ \bigcirc OH + CH_3COO^- \longrightarrow \bigcirc O^- + CH_3COOH$$

の変化は生じにくいため，陰イオンの交換が起こりにくい。

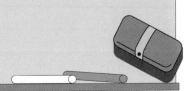

問3. ビーカーBには5.0 mLのシュウ酸ナトリウム水溶液に含まれていたシュウ酸イオンがすべて含まれている。この量をx〔mol〕とする。

硫酸酸性の条件での過マンガン酸イオンの酸化剤としての働きは，

$$MnO_4^- + 8H^+ + 5e^- \longrightarrow Mn^{2+} + 4H_2O$$

となる。一方，シュウ酸イオンは硫酸酸性ではシュウ酸となり，その還元剤としての働きは，

$$H_2C_2O_4 \longrightarrow 2CO_2 + 2H^+ + 2e^-$$

となる。

0.010 mol/Lの過マンガン酸カリウム水溶液20 mLでx〔mol〕のシュウ酸を過不足なく酸化したことから，

$$x〔mol〕 \times 2 = 0.010\ mol/L \times \frac{20\ mL}{10^3\ mL/L} \times 5$$

$$x〔mol〕 = 5 \times 10^{-4}\ mol$$

> 授受された電子の物質量を，還元剤側と酸化剤側で求める。この値は等しい

したがって，求めるシュウ酸ナトリウムの濃度は，

$$\frac{x〔mol〕}{5.0ml} \times 10^3\ mL/L = 0.10\ mol/L$$

 最初に十分な量の陰イオン交換樹脂に通したとき，シュウ酸イオンはすべて陰イオン交換樹脂に吸着された。このときエタノールは流出し，ビーカーAに集められている。

次に硫酸ナトリウム水溶液を流すことで，硫酸イオンとシュウ酸イオンが交換され，シュウ酸イオンが流出した。なお，樹脂内に残っているシュウ酸イオンをすべて取り出すために蒸留水を十分量流した。

 エタノール CH_3CH_2OH は酸化されるとアセトアルデヒド CH_3CHO そして酢酸 CH_3COOH へと変化する。

問4. 滴下した MnO_4^- の赤紫色が振り混ぜても消えなくなったとき。（30字）

 下線⑥での反応

$$H_2C_2O_4 \longrightarrow 2CO_2 + 2H^+ + 2e^- \text{――①}$$

$$MnO_4^- + 8H^+ + 5e^- \longrightarrow Mn^{2+} + 4H_2O \text{――②}$$

①×5＋②×2

$$5H_2C_2O_4 + 2MnO_4^- + 6H^+ \longrightarrow 10CO_2 + 2Mn^{2+} + 8H_2O$$

MnO_4^- は赤紫色，Mn^{2+} はほぼ無色（淡桃色）である。よって，わずか
でも過剰に $KMnO_4$ 溶液を加えると赤紫色が残る。

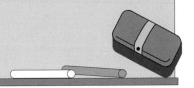

31 タンパク質の精製 ——————————— ● 解答解説

問1. 半透膜は低分子やイオンは通すがタンパク質のような高分子やコロイド粒子は通さない。このため，セロハン袋中の硫酸アンモニウムは半透膜を通って拡散する。よって，セロハン袋中の溶液は，タンパク質の溶けた，硫酸アンモニウムをほとんど含まない溶液となる。

・pH7.0 のとき
　正電荷を帯びたタンパク質⊕と負電荷を帯びたタンパク質⊖とがある。
・透析の様子

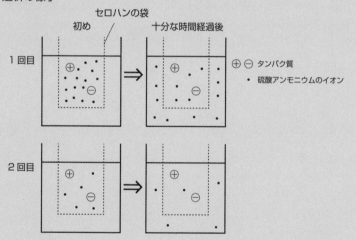

これをくりかえすと，セロハンの袋の中の硫酸アンモニウムはほとんどなくなる。

問2. (え)

理由：タンパク質は，その等電点よりも高い pH では負に帯電し，その等
電点より低い pH では正に帯電する。いま，タンパク質Aの等電点は5.0
であることから pH 7.0 で樹脂と結合したタンパク質はAであり，結合
しなかったタンパク質Bの等電点が pH 7.0 より高い値であることが分
かる。したがって，pH 3.0 はタンパク質A，Bいずれの等電点より低
い値となるため，A，Bともに正の電荷をもつ。このため，どちらのタ
ンパク質も樹脂と結合しない。

等電点とアミノ酸の電荷

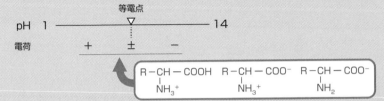

タンパク質についても同様に考えると，本文より次のことがわかる。

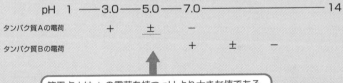

よって，タンパク質Bの等電点は 7.0 よりも大きい。したがって，
pH 3.0 ではA，Bともに＋となるため，いずれも樹脂を通り抜ける。

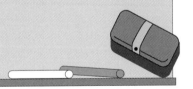

— MEMO —